U0229772

Chinese Network Art & Literature Criticism Series

中国网络文艺批评丛书

互联网电视导论

王青亦◎著

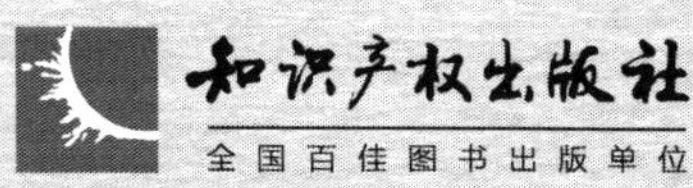

知识产权出版社
全国百佳图书出版单位

图书在版编目（CIP）数据

互联网电视导论 / 王青亦著．—北京：知识产权出版社，2019.1
ISBN 978-7-5130-5982-4

Ⅰ．①互… Ⅱ．①王… Ⅲ．①多媒体电视—研究Ⅳ．① TN949.198

中国版本图书馆 CIP 数据核字（2018）第 281681 号

内容提要

电视正在发生革命性的变化：电视的未来怎样？电视如何互联网化？互联网电视怎么呈现？本书创新性地论述了当前“互联网 + 电视”的多种趋势，提出广义的互联网电视是基于互联网技术及设备，传输图像画面和音频信号的数字媒体服务，它包括电视盒子、IPTV 和网络视频等多种类型。互联网电视直面新技术和巨额资本的迅速涌入，通过多屏联动及越发频繁的社交化行为，让电视无处不在。

责任编辑：李石华　　**责任印制**：孙婷婷

互联网电视导论

HULIANWANG DIANSHI DAOLUN

王青亦　著

出版发行：知识产权出版社有限责任公司
网　　址：http：//www.ipph.cn
　　　　　http：//www.laichushu.com
电　　话：010-82004826
邮　　编：100081
社　　址：北京市海淀区气象路 50 号院
责编邮箱：lishihua@cnipr.com
责编电话：010-82000860 转 8072
发行传真：010-82000893
发行电话：010-82000860 转 8101
经　　销：各大网上书店、新华书店及相关专业书店
印　　刷：北京中献拓方科技发展有限公司
印　　张：13
开　　本：720mm × 1000mm　1/16
印　　次：2019 年 1 月第 1 次印刷
版　　次：2019 年 1 月第 1 版
定　　价：45.00 元
字　　数：175 千字

ISBN 978-7-5130-5982-4

◎序言

随着互联网和信息技术的深入发展，党和政府对于网络文艺的关注和重视，网络文艺的发展呈现出新的特征。第一，网络文艺消费的规模不断扩大，网络已经成为人们文艺欣赏和消费的主要途径。根据2017年经济数据，我国的国内生产总值已经突破了80万亿元的大关，文化产业作为国民经济的支柱性产业的总额，已稳稳站在了4万亿元的上方。而在这4万亿元的体量中，2189.6亿元的网络游戏则直接占据了5%的份额，而以网络游戏、网络动漫、网络视听为主的网络文艺，更是以5000亿元左右的规模占据了我国整个文化产业当中高达13%左右的比例。第二，网络文艺与其他文化产业的融合发展迅速。以网络文学为例，一些广受好评的文艺作品如《微微一笑很倾城》《三生三世十里桃花》等，都成功地带动了出版、影视、动漫、游戏等相关产业的发展，引领了创作与产业融合、传统与当下融合的新模式。第三，网络文艺IP开发成为热点，粉丝经济助力IP全产业链开发。2017年网络文艺各领域的优质IP呈现爆发之势，从文学IP《微微一笑很倾城》、音乐IP《同桌的你》，到游戏IP《王者荣耀》、动漫IP《秦时明月》，优质IP保证了粉丝黏性，为IP在不同维度、不同产业的运作奠定了基础。第四，网络文艺促进了商业“生态圈”的构建。近日，腾讯音乐赴美递交招股书受到业界的广泛关注，作为一个“一站式”音乐娱乐平台，打破了国外在线音乐平台以“会员付费和数字专辑”为主的盈利模式，打通会员付费＋数字专辑＋直播打赏＋音乐社交的多维度的变现渠道，不断地重塑着音乐生态圈。

但是与网络文艺的繁荣发展相比，网络文艺批评的发展却相对薄弱，处于碎片和杂乱状态，缺少优质的批评，有质量的批评也没有得到广泛的认同，这些都导致了网络文艺作品泥沙俱下，缺乏优质和经典之作，甚至出现没有底线、弘扬错误价值观的低俗作品。究其原因，首先，我认为与互联网逐利、嘈杂、纷乱的环境有关。这是批评集体的功利性心态。比如，微博、微信等新媒体平台上的电影评论背后都有追逐经济利益的动机，大量网络水军甚至专业影评推手的存在对舆论和票房有着强大的影响，这值得我们警惕和反思。其次，信息爆炸，淹没了理性的声音。网络文艺批评主体的大众化导致批评的感性化，缺乏理性精神。大多数文艺批评者凭着自己的喜好任意地、片面地进行评判，使得文艺批评水平参差不齐、良莠不一。而网友随意的跟帖式批评也让理性的中肯批评意见淹没在众多感性认识之中。再次，缺乏良好的网络文艺批评环境。网络时代，批评变得更加简单，却也更加情绪化，缺少理性的讨论和批评，网络环境的嘈杂不再适合传统的批评。同时，批评者们大多充满戾气，这是整个社会浮躁的环境所致。这些乱象可能和网络出现的时间比较短还没有建立一个成熟的讨论环境和机制有关。批评需要一个客观和理性的环境，营造这样的环境并不容易。环境最终导致批评无法继续，这对网络文艺创作者和受众来说都会产生负面影响。文艺缺少客观的批评，缺少理念的争锋和交融，就难以形成共识，形成一个普遍的标准，对于文艺创作来说就无法提供更好的引导。

当然，网络文艺与传统文艺相比，具有许多新的特征，这就要求批评家、评论员们走出学术的“象牙塔”，深入了解互联网技术、互联网思维、互联网话语体系以及互联网用户，从而进行网络文艺批评。一要坚持文本上的技术美学和生活美学并重。许多著名文艺批评家在学术和理论上根基扎实，但是在面对网络文艺批评这一新兴问题时显得力不从心，文本也无法吸引人们的关注，最根本的原因是他们没有意识到网络文艺作品与传统文艺作品之间存在的差异。网络文艺相比于传统文艺具有技术美学和生活美学双重属性，因此在形成文艺批评的文本时要从这两个方面出发。二要关注叙事模式的变化，从学术理论到互联网话语的转变。现在针对网络文艺作品的批评还依然集中在各大纸质媒体上。一方面，由于传播渠道的问题，与互联网受众之间存在信息壁垒，所以停留在“自说自话”的阶段。另一方面，因为传统的文艺批评学理性较强，文字相对晦涩难懂，不符合“网生一代”的阅读习惯，这些都导致了网络文艺批评无法实现真正的大众化。可见，相比于传统的文艺批评，网络文艺批评的叙事模式发生了局部变异，这也要求网络批评家和评论员对这样的变化及其内在规律要有深刻的认知。三要关注受众的变化，全面走近“网生一代”。网络文艺批评的受众主要是广大的网民，因此要求批评家们全面走近互联网一族，了解他们的生存状况、消费习惯、消费心理以及信息传播和接收方式，尤其是要了解“90后”和“00后”这些“网生一代”，他们是目前和未来的网络文艺作品的主要受众和消费者。最后要注重专业网络文艺批评人才的培养。目前，我国网络文艺批评的人才队伍呈现“小、少、散、杂”的特点，没有能够培养和集聚一批专业的网络文艺批评专家，因此无法建立健全完善的相关话语体系和理论体系。一方面，主要是因为在人才队伍的锻造和培养方面没有给予足够的重视和支持。另一方面，我们不缺少文艺批评家，但缺少有互联网基因的文艺批评家。网络文艺与传统文艺存在较大差异，网络文艺批评需要借鉴传统批评理论但不照搬照抄。需要在对网络文艺现象进行深刻理解后，在传统文艺批评理论的基础上形成自己独特的理论体系。比如，传统的文艺批评的相关理论主要来源于哲学、美学、伦理学等领域。但是相比于传统文艺，网络文艺的题材和内容十分丰富，如近年来出现并引起广泛关注的玄幻、科幻、悬疑等文艺作品题材，单纯依靠原有的理论和思维方式无法产生优质的批评，这也要求网络文艺批评要根据现实情况形成自己的理论体系。

今天的文艺批评不缺少赞美的声音，缺少的是有价值、有针对性的高质量的批评。批评界说好话唱赞歌的人太多，而有责任、有担当的批评却少之又少。如果只有赞美没有挑剔，就谈不上真正的批评，批评就注定不能讨好。如果只做讨好的事，那批评就变成了一种广告，好的批评可以成为宣传的途径，但现在的批评却大多是为了宣传而批评，真正提出问题的批评寥寥可数。诚实和真诚是批评家在从事批评实践时所应当具备的基本素质，失去了这样的素质，就会颠倒是非黑白，失掉底线。

“文艺批评是文艺创作的一面镜子、一剂良药，是引导创作、多出精品、提高审美、引领风尚的重要力量。”习近平总书记这一深刻阐述和精辟论述有力地揭示了文艺批评所要承担的时代责任。网络文艺批评将迎来持续发展的浪潮，作为新时代的网络文艺评论家，应该既有传统的文艺批评理论基础，又有互联网的基因。既像一个活泼的网络原住民，敏锐捕捉兴起于网络的审美新风尚，又像一个严谨的理论学者，揭示网络文艺作品背后的问题和本质，从而为网络文艺的健康发展打开一片更广阔的空间。

是为序。

范周

中国传媒大学文化发展研究院院长

2018年11月

◎目录

引　言

人们正逐渐远离传统电视，走向互联网电视。[①]他们在更为广阔的互联网和智能设备中找到乐趣和关联。当人们在电脑、iPad、手机等屏幕上自由刷看电视节目及其他视频时，电视正在回归它最初的含义：电力传播的视像。在“80后”还小的时候，电视还是人们争相目睹的“新媒体”；转眼他们成人，电视却已经成为将被新媒体（数字媒体）替代

① 索福瑞的数据显示，近年来电视收视总量持续下滑，日均观众规模继续下滑，中度收视观众流失，中年观众收视加速减少，不断普及的智能电视、有线高清机顶盒、OTT盒子、IPTV等智能设备挽救了流失的年轻观众，从而大体上维持了电视的收视总量。[参见封翔．2015年电视收视市场回顾[J]. 收视中国，2017（2）.] 世界范围内也呈现传统付费电视用户持续减少的现象：据 Deloitte Global 统计，美国作为全球最大的市场在2017年上半年付费电视订阅人数、付费电视市场占有率、收看直播和时移电视的人口比例等方面均出现削减。美国付费电视服务的订阅用户比例在2016年会降低超过1个百分点，2017年则可能会超过1.5个百分点，2018年这个减少比例将达到2个百分点。Digital Smiths 在2016年第二季度针对美国和加拿大地区视频趋势报告中也提到，49.7%的被访者表示在未来的六个月内有停止、更换有线/卫星电视服务商或是使用网络APP替代付费电视服务的可能性，这一比例较上一季度环比增加了1.2%，较2015年同比增加了3.1%。[参见吴东，张琼子，辛悦，黄鑫．2017世界电视发展十大趋势[J]. 收视中国，2017（1）.]

的“旧媒体”。电视革命或者“电视即将被革命”[①]，仅仅花了一代人的时间。

互联网电视有狭义和广义之分：狭义的互联网电视是指通过互联网进行电视节目及视频传输，并将收视终端绑定特殊编号的机顶盒或智能电视的付费电视运营方式。广义的互联网电视类型主要有三种：一是通过互联网开展的付费电视运营业务，即俗称的电视盒子；二是视频网站，现在占市场主导地位的是爱奇艺、优酷土豆和腾讯视频三家；三是电信集团运营的IPTV，主要是中国电信和中国联通运营。[②]它们的运营主体分别是传统电视机构、互联网企业和电信集团。这也代表了中国互联网电视未来发展的三条不同路径。在传统电视向互联网电视发展的转折

① 与受众调查及业界的悲观论调相呼应，学界新近出版一系列著作昭示“电视革命”的降临。阿曼达·洛茨的著作标题即是“电视即将被革命”！艾伦·沃克则开篇写道，“电视是被21世纪互联网瓦解的，最后一个20世纪的大众媒介”。迈克·沃尔夫也认为数字时代的电视要成为新电视已经是被预言的革命。[参见阿曼达·洛茨.电视即将被革命[M].陶冶，译.北京：中国广播影视出版社，2015；WOLK A. Over The Top: How the Internet is （Slowly but Surely） Changing the Television Industry[M]. North Charleston： Create Space Independent Publishing Platform，2015.]

② 互联网电视一般也称为OTT，后者是英文“过顶传球”（over the top）的缩写，是指绕过传统的有线电视、卫星电视等传输系统，直接通过互联网为用户提供电视及视频服务的业务。互联网电视发展的类型有多种归纳。狭义的比如袁战强认为即是指电视盒子；广义的如李宇认为分为三种：“一是从事免费视频分享的视频网站；二是利用互联网开展的付费电视运营业务；三是兼顾免费视频分享和付费视频运营业务的视频网站”。于勇在《互联网电视》一书中则指出是“C/S模式”“B/S模式”和“平台模式”，事实上也是电视盒子、IPTV和视频网站三种类型。[参见袁战强.互联网电视内容运营策略[D].北京：中国传媒大学，2017；李宇.传统电视与新型媒体：博弈与融合[M].北京：中国广播影视出版社，2015：40；于勇.互联网电视[M].北京：高等教育出版社，2014：58–70.]

点，我们迫切需要追问以下三个问题：当代电视与互联网电视的发展现状如何？互联网电视的主要参与者有哪些？互联网电视的发展趋势怎样？

一、当代电视传播的类型

当代中国电视传播依然是互联网电视、有线电视和无线电视并存。无线电视代表过去，它开路传输、易受干扰但完全免费，至今仍在某些区域使用；有线电视代表现在，它具有无线电视不具备的优点如画面清晰、信号稳定、频道丰富，也在努力地改变自身以适应新媒体时代；互联网电视表征未来，它互动、高质、海量、多屏共享，通过非线性收视正改变观众已固化几十年的收视习惯，并逐渐把电视导向无处不在（见表 1-1）。

表 1-1　当代电视传播的类型及其特点

类型	无线电视	有线电视	互联网电视
技术	电磁波	同轴光缆	数字光缆
设备	电视天线、模拟信号	机顶盒	多屏
特点	开路	视频点播、遥控器	互动、高质、海量
缺点	易受干扰、频道少、功率要求大	线性传播、被动收视	直播资源少、政策限制多
优点	覆盖广、免费	画面清晰、信号稳定、直播及历史资源丰富	非线性、主动、时移、电视无处不在

电视传播类型的发展史是一种线性发展史，一种类型淡入的同时也

代表了另一种类型的淡出。各种类型相互之间的特点与区别如下。

首先，传播的技术方式不同。无线电视采用开路发射方式，利用无线发射信号，电磁波由空中传递到四面八方。有线电视采用闭路传输方式，以同轴光缆为主要传输媒介，直接向用户传送电视节目。互联网电视则基于数字光缆，通过多种方式和多种屏幕传播视频节目。

其次，传播的效果和质量差别巨大。无线电视由于采用开路发射，受到外界电波的干扰和自然环境的影响，因此图像和音质较差。而且无线电视每增加一套节目就需要增加一套接收和发射设备，相邻频道和相邻电视台之间可能存在较强的相互干扰，这就造成了传输功率要求大而提供的频道则很少。有线电视采用闭路传输，基本上克服了上述外界因素的影响。有线电视能有效传输数十套以至数百套电视节目，节目质量画面清晰、信号稳定。互联网电视建立在带宽技术之上，只要带宽建设到位，不但可以传输无数的电视节目，更可以存储海量的视频。其传输的质量与数量在理论上都可以达到无限。相比较而言，因为互联网电视建立在公共网络基础之上，它作为一种电视技术的建设成本非常低廉。

最后，传播的时空范围有差异。早期存在的无线电视覆盖面广，因而适用于在人口分散的农村和边远地区兴建。因为接收信号免费，事实上它在中国电视传播初期作用巨大，对于国家意识形态的传播、民众文化知识的提升以及民族共同体的形成都有积极影响。如今在边远地带和灾难应急场所依然可以发挥作用（20 世纪 90 年代国家广电总局担心个人用户使用无线信号接收未经审查的海外电视而制定了 129 号令。后来的有线电视部门则为了确保自己的入户率，用此令做挡箭牌，打击卫星电视发展）。[①] 有线电视适用于在居民集中的城镇发展，因为它可以克服城市楼宇、交通、通信的阻碍。在新时代的环境下，给受众提供更为优质的电视服务。互联网电视则出自全球化的时代，其传播也面向全球。互联网电视既超越了空间，在相当程度上也超越了时间。

三种当代电视传播类型比较，互联网电视优势明显，表征着电视发展的未来。虽然互联网电视作为一种新兴媒体，其迅猛发展过程中还面临着直播资源少和政策限制多等问题，但它仍然具有取费低廉、信号稳定、多屏收视、社交互动、节目高质海量等优点。它还把电视将近一个世纪的线性收视调整为非线性的方式，将被动收视改为在大数据等技术支撑下的主动收视。互联网电视通过时移电视和多屏联动等多种技术方式，联合多方参与力量，正在快速实现电视无处不在。

二、互联网电视的参与者

互联网电视是指基于互联网技术及设备，传输图像画面和音频信号的数字媒体服务。这一宽泛的定义既包括狭义地通过各种电视盒子收看的互联网电视，也包括中国联通、中国电信的 IPTV 以及最近增长迅猛

① 张鸿军 . 现代电视广播网络的并存发展——简析卫星电视、有线电视和无线电视 [J]. 南都学坛（自然科学版），1993（2）.

的网络视频（OTT）等。换言之，本文认为互联网电视既包括通过互联网传输电视节目的“互联网 + 电视”（如爱奇艺），也包括通过加载无线网络的电视收看节目的“电视 + 互联网”（如电视盒子）。

从时间上来看，通过互联网技术及设备传输图像、音频乃至视频，已经历时久远。现在我们之所以着重提出互联网电视，是因为从用户、收视时间、产业发展等角度来看，它已经逐渐成长为传统电视的替代者。甚至早在 10 年之前，“电视革命”“电视之死”的声音已经滋长。比如美国学者阿曼达·洛茨在 2007 年就已经出版 *The Television Will Bevolutionized*，这本书几年之后再版并已被翻译成中文。[①] 如今已经逐渐成为产业发展的事实。

当前互联网电视的产业发展，主要有有线电视、视频网站、牌照方、IPTV、电视盒子以及电视终端等主要参与者。这些参与者分别承担了内容生产商、设备服务商、技术提供商、政策把关人等不同的角色。都从各自的角度追求内容、技术和传播方式的创新。

有线电视依然是电视传播的主体，但其收视人口和收视时长都在持续下降。据国家统计局的数据显示：2016 年有线电视实际用户 2.23 亿户，其中有线数字电视实际用户 1.97 亿户。[②] 相比较 2015 年的 2.39 亿户和 2014 年的 2.31 亿户，有线电视用户首次出现减少。2016 年电视日均观众规模继续下滑，中度收视观众流失，中年观众收视加速减少。电视观众人均每天电视收看时长为 152.4 分钟，同比下滑 4 分钟，相比于历史

---

① 阿曼达·洛茨．电视即将被革命 [M]. 陶冶，译．北京：中国广播影视出版社，2015.

② 国家统计局．中华人民共和国 2016 年国民经济和社会发展统计公报 [EB/OL].（2017-02-28）[2018-09-20].http://www.stats.gov.cn/tjsj/zxfb/201702/t20170228_1467424.html.

数据，每年基本以 4 分钟左右的速度下滑。[1] 当然，有线电视也在因应时代和技术的变化对自身进行积极的调整，在数字电视技术之外，还在积极开拓宽带接入网技术等扩展业务和增值业务。

视频网站近年得到飞速发展，它们将是传统电视最有力的竞争者。2018 年 1 月中国互联网络信息中心（CNNIC）发布第 41 次《中国互联网络发展状况统计报告》显示，截至 2017 年 12 月，网络视频用户规模达 5.79 亿，较 2016 年年底增加 3437 万，占网民总体的 75%。手机网络视频用户规模达到 5.49 亿，较 2016 年年底增加 4870 万，占手机网民的 72.9%。2017 年国内网络视频用户付费比例达到 42.9%，相比 2016 年增长 7.4 个百分点，且用户满意度达到 55.8%，预计未来仍将保持较高速的增长趋势。[2] 2018 年 2 月底爱奇艺宣布付费会员规模达 6010 万后，腾讯视频紧接着宣布，截至 2018 年 2 月 28 日，其付费会员数已达 6259 万。爱奇艺与腾讯视频成为中国最大的两家视频付费平台。越来越多的国家视频网络用户已经超越有线电视用户，越来越多的消费者开始放弃传统有线电视，转向互联网入口。

牌照方是政府为互联网电视发展设置的把关人。所有的收视终端和互联网运营商都必须要与国家广电总局早先指定的七家牌照方合作，才能提供互联网电视服务。这七家牌照方分别为中国网络电视台（CNTV）、上海文广、浙江华数、南方传媒、湖南电视台、中国国际

---

① 封翔 .2016 年电视收视市场回顾 [M]. 收视中国，2017（2）.

② 中国网信网 . 第 42 次《中国互联网络发展状况统计报告》（全文）[EB/OL].（2018-08-20）[2018-09-25]. http://www.cac.gov.cn/2018-08/20/c_1123296882.htm.

广播电台（CRI）以及中央人民广播电台（CNR）七家单位。随着2018年3月中央电视台、中央人民广播电台、中国国际广播电台三台的合并，七家牌照方也成为事实上的五家。本质上所有收视终端厂商和互联网运营商都不具备合法提供电视节目内容的资质，互联网运营商只能提供网络业务及宽带服务，终端厂商只能生产和销售相关设备。终端厂商必须与持有互联网电视牌照的广电企业合作，才能生产和销售互联网电视。互联网电视必须由广电企业来提供节目内容和行使播控权，从而从源头上保证内容的可管可控。

国内的IPTV运营主体是中国电信和中国联通，它是由电信运营商主导的通过家庭宽带在专用网络中收看视频节目的电信增值服务。IPTV往往和家庭宽带、家用电话等产品打包销售，更多作为电信运营商销售家庭宽带的附加产品。截至2016年12月31日，全国IPTV用户达8673万，其中，中国电信IPTV总用户数达6133万，中国联通则拥有2524万户。2017年5月，IPTV用户总数更是已经突破1亿。由于国家广电总局和工业和信息化部所属的电信运营商之间存在利益冲突，且IPTV在内容、技术和渠道的扩张中还涉及网络信息安全的问题，所以IPTV市场的蓬勃发展下面潜藏的是暗流涌动，其发展前景亦喜亦忧。[①]

---

① 2017年6月1日，中国移动有关IPTV传输服务许可（即IPTV牌照）的申请被国家广电总局退回；6月9日，国家广电总局发布通知要求中国联通、中国移动对IPTV传输服务中存在的问题进行整改。由此可见，IPTV的发展史其实是广电播控平台与通信运营商反复博弈的历史。国家广电总局规定，只有获得牌照的企业才有资格开展IPTV业务，并以此对行业进行监管。广电希望电信运营商只负责技术管道建设；而广电则负责内容的生产、编排和菜单索引。事实上，基础设施的利润低，内容的集成播控才是利益的核心。因此，电信运营商不断尝试与内容制作单位及互联网企业合作，推出相关的视频服务板块，分割广电的利益甚至危及广电的生存。

人们用电视盒子观看海量的视频和电视直播内容，一时间电视盒子市场呈现爆发式增长。电视盒子是最典型的OTT视频发展模式，人们只需要购买非常便宜的网络电视盒，简单连接互联网和显示设备就可以实现直播、点播、运行第三方应用程序及互动游戏等功能。理论上它可以覆盖上述有线电视、网络视频和IPTV等多项功能，因而大受市场欢迎。据不完全统计，2013年电视盒子销量为1600万，2014年电视盒子销量2200万，2015年国家广电总局“封杀”电视盒子之后，至此这种OTT发展模式走入末路。②

电视终端不仅仅是电视产业中看起来的那个被动角色，它利用其硬件和软件的变革正在成为行业的领路人和革命者。与电视收视率逐步下滑不同，电视机的出货量每年都在递增：2016年彩色电视机产量一共15769万台，其中液晶电视机15713万台，智能电视9310万台，同比增长近10%。电视终端的智能化，推进了电视产业的革命。它通过预置系统入口、人机交互、多屏互动和程序应用体验，正在改变行业的生态，并成为电视产业其他参与者竞争的一个中枢。智能电视通过超高清屏幕研发和更好的UI、交互设计，为用户提供更好的娱乐体验。其通过各

② 电视盒子因为涉及广告利益、信息安全和传统电视产业的转型以致存亡，因此在近年来遭遇国家数次严厉的监管。2011年，国家广电总局下发181号文，指出互联网电视集成平台只能选择连接国家广电总局批准的互联网电视内容服务机构设立的合法内容服务平台。互联网电视集成平台不能与设立在公共互联网上的网站进行相互链接，不能将公共互联网上的内容直接提供给用户。2015年，国家广电总局联合最高人民法院、最高人民检察院、公安部联合发布229号文，更是把电视盒子归入“非法电视网络接收设备”，将之视为“违法犯罪活动”，因此要“坚决依法严厉打击”。

种应用程序成为连接购物、游戏、运动、教育和智能家居的“大脑”，并最终可能成为“平台＋内容＋终端＋应用”为一体的智能家居控制的终端显示系统和完整的大屏互联网生态系统（见表1–2）。

表1–2　互联网电视的参与者

类型	有线电视	视频网站	牌照方	IPTV	电视盒子	电视终端
参与者	歌华有线	爱奇艺、腾讯视频、优酷土豆	央视国际（CNTV）、百事通、杭州华数、南方传媒、湖南电视台、中国国际广播电台（CRI）、中央人民广播电台（CNR）	联通、电信	小米、乐视	长虹、TLC
管理机构	国家广电总局	国家广电总局	国家广电总局	工业和信息化部	国家广电总局	工业和信息化部
特点	信号稳定、用户庞大、消费习惯	多屏互动、视频资源丰富、原创内容、关联推荐	把关人	视频资源丰富、信号稳定快捷、功能复合	多屏互动、视频资源丰富、APP增值服务、免费	高清大屏、应用程序入口

三、互联网电视的发展趋势

互联网电视的发展在传统电视和新兴互联网两个领域内同时展开。它们的未来也许殊途同归，那就是在技术、硬件和管理机制上都标准化的互联网电视。与有线电视用户退订形成鲜明对比的是，智能手机成为国民标配，网络视频用户激增，三网融合已成潮流。在这样的背景下，互联网电视表现出非线性收视、多屏联动、社交电视和基于大数据的诸多新的特征，既影响了我国广电政策的出台和实施，也极大地改变了电视产业发展的现状及未来。

时移电视（Timeshifted TV）作为现阶段人们非线性收视的典型方式，正在成为人们收看电视的一个重要选择。它是指将节目录制并存储，然后在非直播时段收看的行为。现阶段时移电视主要有回看和点播功能。因为节目录制存储功能在量和即时性上的突破，电视收视突破了以往的直播线性形态，观众可以随意地实现非线性收视。事实上，国家广电总局自 2011 年以来发布名目繁多的“限娱令”，对节目生产及播出时段的限制，特别是对黄金时间娱乐节目播出的禁令，客观上导致年轻电视观众流向互联网以致时移电视收视的增加。数据显示，2016 年 1 月以来直播收视在总收视中的占比呈现降低趋势，而时移收视占比则从 2016 年 1 月的 2.6% 稳定增长到 2017 年 1 月的 3.0%。[①] 时移电视中上星频道的娱乐节目和电视剧明显更受欢迎。且 34 岁以下大学及以上文化程度观众时移收视占比最高，这一范围的受众群体消费能力最强，最受电视广告主所倚重。

以非线性收视为特征的时移电视的迅速兴起有以下原因：受众接收信息和收看节目的碎片化和细分化，使在时间和空间上都有机动性的时移电视获得优势；视频节目生产的互联网化和多元化，让电视产业技术和服务的创新更趋激烈；多屏收视终端的发展，既令受众提出非线性收视的要求也给非线性收视提供了技术和硬件的可能。以非线性收视为特征的时移电视给电视带来了增量价值，它为互联网时代全收视的实现率先描绘了一片蓝海。

① 王平．国内外时移收视数据应用案例及其价值发现[J]．收视中国，2017（5）．

多屏联动实现的是电视无处不在（TV Everywhere，TVE），它带来了电视在空间维度的超越。多屏联动突破了空间距离，可以同步在电视机、手机、电脑、平板电脑等多种视频设备上播放。它通过无线网络连接，用户凭借用户名和密码实现不同操作系统（iOS、安卓、Windows和VISTA等）以及不同视频终端（电视机、手机、电脑等）相互兼容的协同操作，实现视频节目的传播和收视。

多屏联动是指通过Wi-Fi网络连接，在不同多媒体终端上进行多媒体（音频、视频、图片）内容的传输、解析、展示和控制等一系列操作。简单地说，就是几种设备的屏幕通过专门的连接设备就可以互相连接转换。人们热议的是未来到底是“两屏”“三屏”还是“四屏”的世界——具体包括32英寸以上的电视屏幕、17 ~ 20英寸的电脑屏幕、8 ~ 10英寸的平板电脑屏幕、3.5 ~ 5.5英寸的手机屏幕。从现在来看，除家中客厅的电视以外，手机是进行互联网电视传播最有前景的媒介，无论任何地方任何时间，只要可以接入Wi-Fi或者手机信号，手机立马成为一款收视利器，从而消除电视媒介几乎所有的空间限制。[①]

电视还正在与社交媒体关联，呈现出越来越强的互动性和社交化趋

① 移动手机已经有近半个世纪的发展历史，但由于近十年以来全国和全球通信网络的健全以及Wi-Fi技术的进步，解决了人们利用手机收看视频的接入便利性及视频下载的速度。由此，移动手机变身为移动电视才真正成为可能。“移动手机的使用其实早在20世纪60年代就有了，但能看‘直播’电视的手机或笔记本电脑大大拓展了以前这个版本中很大程度上未使用的电视属性。移动电视更堪比当代广播，取代电视成为主要家庭娱乐手段之后，还增加了视觉的维度，使之成为无处不在的媒体。”[参见阿曼达·洛茨．电视即将被革命[M]．陶冶，译．北京：中国广播影视出版社，2015：74.]

势。互联网以及社交媒体的流行，使分享、去集中化和民主化也成为流行文化的潮流。不但真人秀这种大行其道的电视节目制作在践行这一历程，观众收视也因为手机短信、微信、微博和各种 APP 的出现而社交化了。如果说以前的收视是比较纯粹的受动过程，现如今人们通过点赞、转发、分享、评论和打分等行为，成为电视收视以至电视产业的能动者。这些行为不但把电视和互联网连接在一起，同时也把上述三屏、四屏关联互动。

社交化的电视把以往基于兴趣的收视转变为用户关系的生产和再生产。在分享的过程中，用户的参与感和产品黏性会大幅度增长。尤为关键的是电视的社交化收视行为把电视消费变身为电视的生产与再生产。如果说社交电视 1.0 是关于应用程序的，它呈现的是消费特征的电视观看行为；那么社交电视 2.0 则是基于社交媒体大数据的电视内容创意、生产与运营。[①] 观众多屏收视和使用关联社交媒体的数据为各种应用程序及社交平台收集，这些数据可用于吸引新观众，保持现有观众持续收视，以便发现问题改进节目并进一步更好地制作节目。

大数据对于互联网电视的重要性不仅在于搜集和掌握海量的信息，

---

① 艾伦·沃克把能够使用辅助设备对主屏幕上发生的事情进行评论或互动的能力称为“第二屏幕”或“社交电视”。社交电视现象首次被提出是因为许多的粉丝会在节目播放过程中发送微博。早期的应用程序只是去收集这些人的微博，或者让粉丝们能够在观看节目时打卡，让朋友们知道他在观看这个电视节目。第二屏幕的下一波浪潮即第二屏幕 2.0，它完全基于数据。数据将是未来几年为娱乐行业提供动力的源泉，而且数据恰好是通过第二屏幕来收集的。[参见 WOLK A. Over The Top: How the Internet is（Slowly but Surely）Changing the Television Industry[M]. North Charleston：Create Space Independent Publishing Platform，2015.]

更在于对这些数据进行有意义的甄别和专业的处理。对于未来的许多产业来说，大数据是“未来的新石油”，广电产业作为一种典型的信息产业更是如此。大数据在互联网时代的电视产业，可以应用在栏目选题、节目策划、收视调查和广告营销等几乎每一个环节。大数据的核心在于预测，这对于电视作为一种文化产业和市场行为尤为关键。[①] 从小样本转为大数据，从随机样本转为全数据，从混杂性数据转为精准性决策，是互联网电视要着力解决的核心问题。

大数据之所以如此有价值，是因为它是在用户不知道的情况下搜集的，因而更加真实。同时大数据可以把电视节目与广告商品进行有意义的连接，从而让节目更有商业价值。此外，大数据测度的是个人用户而非家庭，因而更为准确。具体来说，大数据对于互联网电视的价值主要在于以下几点：一是策划制作高收视率的电视节目；二是实时监测受众趣味，持续保证关注度；三是及时发现传播中出现的问题，持续提高节目质量；四是精准营销，实现电视产业利益最大化；五是实时了解顾客需求，为受众提供关联推荐。当然，大数据也会带来一些负面价值，比如可能侵犯用户的隐私，其准确性也有待提高，过度依赖大数据也会使节目丧失创意及艺术性。

互联网电视是指通过互联网提供电视节目及视频传输的服务。这一

---

① 艾伦·沃克在《互联网时代的电视产业》一书中提及了“数据的持续支配地位”，他认为：“我们可以肯定的是，在电视行业未来发展的十年中，数据将是决策背后的一切从编程选择到广告服务的驱动力”。[参见 WOLK A. Over The Top: How the Internet is（Slowly but Surely）Changing the Television Industry[M]. North Charleston：Create Space Independent Publishing Platform，2015.]

定义毫无疑问是广义的，它可以涵盖各种技术服务、部门管理、终端设备和发展方式。虽然当前电视依然是各种形态并存，但电视的发展历程依然遵循着线性发展逻辑，即从无线电视到有线电视以至互联网电视。后者具有非线性、大数据、设备互联、海量资源、超越时空并指向电视无处不在的特点。由于政策、技术、网络及用户使用惯性等原因，当前互联网电视的主要参与者有有线电视、视频网站、牌照方、IPTV、电视盒子以及电视终端，他们互相角力的未来依然是建构一个全新的互联网电视生态系统。

互联网电视表现出非线性收视、多屏联动、社交电视和基于大数据等诸多新的特征。非线性收视改变了收视人口及其收视习惯，为电视产业提供了增量价值。多屏联动超越了电视收视的空间限制，把电视未来导向了无处不在。社交电视把收看电视从一种兴趣导向引向关系导向，这既是时代发展的脉络也深入地契合了互联网精神。互联网电视不再仅仅是影像的消费，它更是数据的生产和基于大数据的电视再生产。大数据不但可以通过预测制作更好的产品，也能实时校准电视产品的生产，同时也能实现电视产品与广告商的精准匹配。

当代中国电视传播依然是有线电视、互联网电视和无线电视并存。由于政策、技术及用户等原因，有线电视、视频网站、牌照方、IPTV、电视盒子以及电视终端都成为当前互联网电视的主要参与者。与传统电视相比较，互联网电视表现出非线性收视、多屏联动、社交化和基于大数据等诸多新的特征。这一切让互联网电视成为电视发展的未来。

第一章　互联网电视的政策

转型期电视发展类型的多元化导致电视产业内部泥沙俱下，亟须从政策上正本清源。与互联网电视蓬勃发展相伴随的，是发展过程中的各种尝试与突破、乱象和规制。管理机构与从业企业、传统电视台与新兴互联网公司，他们也许都有着相同的愿景，但绝对拥有相互背离的诉求。所以这几年间，牌照方、三网融合、IPTV、电视盒子这类的新名词层出不穷。所以本章就将探讨：从政府、传统电视机构、通信运营商和互联网企业等不同的角度，进行了哪些互联网电视的尝试？这些尝试的得失成败如何？这些新的尝试为当今我国互联网电视的管理政策带来了哪些挑战？

一、什么是牌照方

国家广电总局于 2009 年 8 月 14 日正式下发《关于加强以电视机为

接收终端的互联网视听节目服务管理有关问题的通知》，通知明确指出厂商须严格遵守《专网及定向传播视听节目管理办法》及《互联网视听节目服务管理规定》中为电视机终端用户提供基于机顶盒、连接互联网的视听节目服务，同时必须取得《信息网络传播视听节目许可证》。换言之，即电信仅具有提供宽带、业务的资质，且不具有提供电视节目内容的资质；终端厂商、电视机厂商也仅有生产、销售资质，同样不具有提供电视节目内容的资质。只有广电企业才可行使播控权、提供节目内容，从而保证从源头上管控内容。

这种管控集中体现在牌照的发放中。国家广电总局从2005~2009年，一共分两批发放了七张互联网电视牌照，而且至此不再增加新的牌照方。

第一批发给了中国网络电视台（CNTV）、上海文广新闻传媒集团、浙江电视台和杭州广播电视台合资公司华数。

第二批发给了中国国际广播电台、湖南电视台、南方传媒以及中央人民广播电台。

政府设置牌照方为发展互联网电视的把关人。互联网运营商、收视终端只能与七家指定的牌照方进行合作才可开展互联网电视服务。换言之，即获取播控权的前提条件是获得牌照，开展网络机顶盒、IPTV内容发布业务，从而实现从内容上管控互联网电视与电视盒子。

电视盒子发展初期，由于相关部门并没有设置限制，所以电视盒子成为下载所有资源APP免费点播的载体。能够直接收看电视频道、能够收看海量视频资源，更重要的是还免费！电视盒子于是飞速发展，从而也抢了别人的“蛋糕”，把电视和互联网视频市场的水搅浑了。直播的转播资质、影视版权、不良视频、未经管制的国外资源以及由此带来的网络安全问题等，使网络视频内容鱼龙混杂，失去了应有的规制。因此，互联网电视牌照的出现是为了实现更高效、精准地管控互联网电视内容。

七家牌照方各家资源和特点都不尽相同。比如未来电视（iCNTV）有央视独家内容资源，百事通（BesTV）有丰富的影视资源，华数TV覆盖面广资源全面，南方传媒专注于电影和电视剧，中国国际广播电视台（CIBN）专注于生活和教育，银河电视（GITV）擅长娱乐。

企业与牌照方的合作也是问题重重，比如乐视很早已经和央视国际（CNTV）达成合作，然而，双方的合作却历经波折，最终终止了合作关系。在中央电视台与乐视合作的两年期间，乐视暂停与其他电视台合作，两年里乐视保持较好的态势发展，但是却处于“裸奔”无牌照的状态中。乐视网也因此出现连续两天股价跌停且其跌幅度大于20%。在这一背景下，乐视需拿到互联网电视牌照已成为刻不容缓的事情。2016年乐视网与牌照方中国国际广播电视台才正式结成合作关系，同时，国家广电总局批准乐视用户迁转至中国国际广播电视台集成平台。[①]

随着移动端的发展，互联网电视开始形成新的布局，七大牌照方也

① PConline. 关于智能电视　这个你一定听过却不知道的东西[EB/OL].(2016-09-02)[2018-09-25]. http://tv.pconline.com.cn/832/8321963.html.

在不断迎合市场需求。最开始牌照方仅与终端厂商进行简单的合作，并从中收取服务费、许可费，然后在阿里、百度、腾讯等资方的入股带动下，牌照方开始激烈角逐，不再是袖手旁观。特别是得到投资入股的牌照方更加卖力打造属于自己的电视平台，在运营、内容、版权等领域也开始有所涉猎。

一些牌照方手握内容、用户甚至雄厚资本，希望进一步开发电视终端、操作系统以及互联网电视平台。市面上因此出现了百视通体系的风行电视以及国广东方旗下的 CAN TV。芒果 TV 董事长聂玫表示将做好互联网电视机，至少是操作系统。各大牌照商们积极投入市场，从某种层面来说，“卖牌照”已经失去往日的发展优势。牌照方在互联网电视运营中，需要更好地做到统筹内容、维护用户、吸纳资本和规避风险。的确，当下消费者更加青睐各大视频网站的内容，对牌照方内容的满意度较低。有些视频企业虽然持有牌照，但是仍存在非常显著的资源紧缺问题。视频需要投入大量的资金，同时作为国企又不允许亏钱。对于广大运营用户而言，视频内容决定着其发展的前景。[①] 因此造成一个现象：做视频的没有牌照，有牌照的没有视频内容。双方的合作关系十分微妙。牌照管理和规制了互联网电视的发展，却也为此设置了诸多也许并不必要的障碍。

---

① 互联网电视牌照商那点事 要么主动进化要么被市场遗忘 [EB/OL].（2016-12-16）[2018-09-25]. http://www.sohu.com/a/121734404_101133.

二、限制电视盒子

在一段时间里，使用电视盒子观看电视直播及网络视频呈井喷式发展。只要花费很少的价格就能购买到电视盒子，借助相关的显示设备，就能实现点播、直播、运行程序及玩游戏等多个功能。理论上来说，它的播放终端包括 IPTV、网络视频、有线电视等，从而得到市场青睐。数据显示，2013 年其销量为 1600 万，而 2014 年电视盒子的销售量更是达到了 2200 万，然而 2015 年遭到国家广电总局的“封杀”，导致 OTT 发展模式不断退出市场。①

国家广电总局早在 2011 年 10 月即发布影响深远的 181 号文《关于印发持有互联网电视牌照机构运营管理要求的通知》。通知指出，“互联网电视集成平台只能选择连接国家广电总局批准的互联网电视内容服务机构合法设立的内容服务平台。互联网电视集成机构在接入服务前审核检查互联网电视内容服务平台的合法性”。总局批准“后在互联网电视集成平台中设立互联网电视内容服务平台，严厉禁止非法集成平台。不可在公共互联网上设立与网站相互链接的内容服务平台且应与电视台

① 电视盒子因为涉及广告利益、信息安全和传统电视产业的转型以致存亡，因此在近年来遭遇国家数次严厉的监管。2011 年，国家广电总局下发 181 号文，指出互联网电视集成平台只能选择连接国家广电总局批准的互联网电视内容服务机构设立的合法内容服务平台。互联网电视集成平台不能与设立在公共互联网上的网站进行相互链接，不能将公共互联网上的内容直接提供给用户。2015 年，国家广电总局联合最高人民法院、最高人民检察院、公安部联合发布 229 号文，更是把电视盒子归入“非法电视网络接收设备”，将之视为“违法犯罪活动”，因此要“坚决依法严厉打击”。

播放节目保持一致的审查标准、管理要求、审查制度，应具备电视播出版权”。

电视盒子由于具有物美价廉的特点，被赋予“内容为王”的称号，其拥有海量的视频资源以及十分丰富的 APP 应用，且回放直播的功能能够满足消费者重新观看电视节目的需求，因而成为市场发展中的一匹黑马。然而国家广电总局对电视盒子的“封杀”，导致行内一度推测，未来电视盒子将有望与智能电视“合体”。

虽然国家广电总局不断加大打击整顿电视盒子的力度，但是部分厂商还是想方设法打擦边球，比如针对不准预装机顶盒子的规定，就开启 USB 安装功能；禁止安装 USB 就利用 Wi-Fi 网络在 PC 端安装。此外不乏平台只重视收视率而忽视其他问题；为了收视率不惜推出语言冷漠暴力或者浮夸媚俗的电视节目。

国家广电总局针对电视盒子的乱象三令五申，首批屏蔽了包括熊猫听书、喜马拉雅等 81 个非法应用，而用户仍可观看正版天猫魔盒、小米盒子等内容。同时明确禁止七大牌照商利用 USB 端安装电视盒子，并要求相关部门自查自纠，若不按照规定进行整改则取消播控权。当前，开博尔盒子、华数传媒、天猫魔盒、英菲克盒子等已升级电视盒子系统，普遍屏蔽 81 个违规的第三方应用。近年来，国家高度重视版权问题，未来将不断加大打击电视盒子“免费”的力度，弱化市场竞争。①

从 181 号文件可看出，国有牌照商企业是最大的收益方。自 181 号

---

① 马骏. 电视盒子被整顿：免费午餐或将终结　盒子与电视合体成趋势 [N]. 广州日报，2015-11-24.

文件出台后在互联网电视产业中内容集中播控平台就成为产业发展的核心枢纽，进一步强化内容集中播控的行业主导地位。在此之前，厂商普遍绕开牌照商或自行非法开发内容播控平台，向消费者出卖机顶盒。

但是从某种层面来说，相关部门并未明确牌照商的监管力度。对于牌照商而言，适当地管理可形成特殊市场，有助于自身发展。而如果总局管制得过严，那么其整个行业的生存环境将越来越艰难，最终的结果是厂商退出行业或者走“山寨”的路子。毕竟行业的圈子就摆在那里了。因此，国家广电总局极有可能出现因为考虑到厂商与牌照方合作的需要而“放水”。

事实上在具体执行181号文件方面也未形成较好的成效。虽然国家广电总局于2014年进行了重申，一定程度上刺激了如乐视、小米等自建平台及其创新模式的发展。在此背景下，越来越多的平台选择与牌照方合作，比如乐视当前就与中国国际广播电视台合作，并整改了互联网电视终端。

在文件出台前，整个盒子市场存在严重的“山寨”野蛮式发展。对于消费者而言，通过这些盒子能够以更加便宜的价格收看更多丰富的内容。与之对比，和正规牌照方合作的天猫魔盒、小米盒子等则可观看的视频内容更少、受到的约束条件更多，不仅不可直接观看直播类节目，一些节目还要求用户额外付费。

众多约束条件在影响正规盒子发展的同时，却给山寨盒子带来更多的发展机会，从某种层面来说整个市场山寨盒子的问题已经非常泛滥。

山寨盒子成为整个市场的主要销量来源，其占据 80% 的比例严重挫败了整个行业的良性发展。

虽说正规盒子的生产商严格遵守国家广电总局的监管，但是还是存在较为严重的随意推送内容的情况。国家广电总局面对这一情况不断加大监管力度，进一步完善自身监管体系。

对于消费者而言清退视频网站电视端 APP，无非是希望消费者回归电脑屏幕。用户可在电视上收看第三方视频网站 APP 的影视大片，但是视频网站并未购买互联网电视的版权，仅获取了相关内容的互联网版权，因此其本质上仍属于盗版产品。

国家广电总局通过上述规定进一步规范了互联网电视版权。虽说理论上有助于整顿行业，推进行业有序地发展，让消费者因此获得良好的体验。然而这仅仅是理论上的情况，现实的情况却是消费者不能方便自如地观看电视。为此，视频提供商千方百计地改变策略，山寨商在网民的骂声中重新占领新的领域。①

虽说当前互联网电视行业已经步入初级发展阶段，但是受制于内容等方面的原因很难得到有序的发展，久而久之将使人们忽视智能电视的意义。届时受众将重新“拥抱”视频网站，享受其中丰富的内容，从而让互联网电视失去发展的最好时机并最终沦为网络视频的附庸。

众多传统家电企业也同上述创新型互联网企业一样，在 181 号文件出台后面临着全新的洗牌。近年来，传统电视制造企业在行业利润

---

① 百度百家 . 广电总局又发大招：盒子电视全干掉 [EB/OL].（2014-09-18）[2018-09-25]. http://news.mydrivers.com/1/321/321440.htm.

较低的情况下，积极转型智能电视风口，希望充分发挥智能电视增值服务的优势为自身发展带来更多机会，然而等待家电企业的是日愈严苛化的管制。

三、线上线下统一标准

《电视剧内容管理规定》明确规定我国实行“专审”制审查电视剧内容，即通过内容审查、发行许可制度等方式“专审”引进剧、合拍剧、国产剧等。电视剧在电视台播放的前提条件是其内容通过审查且获得发行许可证。

从行政的角度分析，国内在审查网剧内容方面要“松”得多，特别是与审查电视剧内容形成了强烈的反差。按照相关规定，可将审查网络剧内容归属于“自审自查”。同时明确所有从事互联网视听节目服务单位播出网络视听节目，应至少组织三位获得省级国家级网络视听节目行业协会培训审核资格人员审核内容。通过审核后再由本单位内容管理负责人进行复核签发。业内人士普遍认为此种审核机制极易发生网站放宽审查尺度或者打擦边球、踩线而谋求自我利益的情况。这是影响观众对电视剧或者网剧的内容产生差异化感觉的主要原因。

自审式的审查机制明显与飞速发展的网络剧发展现实不再匹配。2014 年以来由于各种因素影响，比如“一剧两星”政策限制，消费者互联网化的观剧习惯加之快速发展的新媒体、IP 频频出现，各类网络剧“爆款”，全面提升这些作品的影响力。2014 年网络剧产量爆发式增长至 205 部，2015 年网络剧的总产量为 379 部，较 2014 年增幅达到 85%，同年电视剧总产量为 395 部。2016 年网络剧产量同比增长了 196%，总时长突破了 12 万分钟。2016 年上线网络剧 TOP50 播放总流量为 380 亿，较 2015 年增长 78%；TOP50 中 20 亿以上播放量的作品占比为 10%，而 2015 年仅为 2%。

于是，国家管理机构祭出重拳。这一次不同以往的是，它是通过官员讲话的形式进行传达的。2016 年 2 月，国家广电总局网络视听节目管理司司长罗建辉在全国电视剧行业年会上指出当前网剧普遍存在制作过于粗糙，题材把关能力低、节目作品跟风严重、缺少精品作品等情况，影响恶劣。他认为行业存在较为严重的有意冲击底线、打擦边球的情况，其中不乏偏离主流价值观、低俗化、内容媚俗等作品。其中管理细则主要有以下几点。

（1）做好事前引导：加强培训，全面提高视频网站审查人员的水平，全面提高其把关意识。

（2）严化事中事后管理：减少叫停已处于投入状态的网络剧。

（3）组织专家审核团队重新审核播出后引起较大争议的剧目，如经审核总结仍存在疑问则可重新审议。

（4）开展全天候的监看模式：加大处罚屡犯同类错误的力度。

（5）加大力度扶持优秀网络剧创作。

（6）总局网络视听节目管理局加大与电视剧司的协同合作，基于网络剧、电视剧特点探索完善化沟通方式，统一线上线下管理标准。如果一个节目经查不允许在电视上播放，那么同样不可在网络中播出。

分析几部曾经出现下架危机的网剧。涉嫌道德风化的《太子妃升职记》；涉及封建迷信的《探索档案》与《无心法师》；涉嫌存在杀暴力的《暗黑者》《心理罪》以及存在违法犯罪倾向的《盗墓笔记》，上述网剧无不触犯了传统影视剧的“雷区”。

虽说严格的政策一定程度限制了节目的创新，但同时具有规范行业发展的作用。由于当前网剧市场尚不够成熟，所以不排除存在依靠擦边球、踩底线等方式吸引眼球，占得先机的网剧。但是随着网剧市场的发展及不断成熟，特别是当市场趋于饱和后，只有那些有实力且真正赢得市场的认可、观众喜欢的节目才能得以生存，而那些存在侥幸心理或者踩线试水的伎俩将完全失去存在的空间。

在移动终端、移动互联网飞速发展的今天，视听节目迎来爆发式增长，这就意味着各类终端将出现日愈严峻的终端管理。过去审查电视剧内容的工作由国家广电总局电视剧管理司主管负责，但是当前电视台、网络平台均可播出电视剧，那么是不是意味着电视剧管理局也应具备审查网络剧内容的权限呢？随着发展台网互动已经成为常态，电视台也可播放优质网剧，那么电视台又如何审查网剧呢？①

---

① 刘阳．网剧和电视剧，线上线下标准如何统一 [N]．人民日报，2016-03-24.

四、三网融合的艰难推进

三网融合，顾名思义即有机融合计算机网络、有线电视网络、电信网络，通过“三网”的相互兼容、渗透整合形成统一的信息通信网络。“三网融合”的核心是互联网。理论上电信、广电各自在宽带、内容输送方面存在垄断的情况，因此三网融合需要合理化双方互相进入的基本原则。具体是指广电企业在条件达到要求的情况下可经营基础电信业务，同时可基于有线电网络为广大用户开办互联网接入业务；在相关部门的监管下，国有电信企业具有从事制造生产各类广播电视节目（除时政类节目）以及传输互联网视听节目、转播时政类新闻视听节目、分发手机电视服务等资质。

早在1998年，就有人提出三网融合的概念。虽说此后在“十五”“十一五”以及振兴电子信息产业规划中多次提到三网融合的概念，但是并未取得快速发展。这与三网融合未能平衡各方利益有着很大的关系，因此虽然多次提到该概念但总停留于口号层面未能具体践行。所有部门都想取得三网融合的优势，但是没有人愿意放开已有的市场。其中广电行业、电信企业已经具备包含内容供应、业务模式以及终端设备、网络等完整的产业链。而一旦实现三网融合必然会勾勒出全新的产业版图，不再局限于原有格局。

国务院常务会于2010年年初针对三网融合的各个方面形成了准确的界定，这其中包括时间表、路线图，并再次确认了广电和电信企业双向进入的原则。会议同时指出，符合条件的广播电视企业可以经营增值电信业务及范围内的互联网业务、基础电信业务；电信企业在获得相关资质后即可从事制作、传输广告电视节目等相关活动。其中2010—2012年以电信业务、广电业务双向试点为重点。2013—2015年将全面实现三网融合。

2015年9月，国务院发布的《三网融合推广方案》指出，相关部门应认真履行国务院关于推进三网融合的相关工作部署以及试点方案和总体方案。当前已经完成试点阶段各项任务。在全面总结试点阶段所取得的成果的基础上，加快三网融合，加快信息网络基础的资源共享及设施互联互通，加速产业转型，升级消费，改善民生问题。

三网融合的好处是形成媒体综合业务的信息服务,即同时包含数据、语音、文字、图像、视频的多媒体业务；节省在基础建设方面及维护方面的成本，简化网络管理；逐渐实现以综合性网络取代各自独立的专业网络管理，进一步提升网络性能以及利用资源的水平；整合网络业务，可形成诸如网络游戏、视频邮件、图文电视等多种增值业务类型，扩展业务范围；从视频传输领域的发展来看，三网融合有助于打破广电运营商、电信运营商长期存在的恶性竞争，实现打包下调电话资费、上网、看电视等相关服务费用。

三网融合对于普通消费者而言，其最直接的体验就是电视、手机与电脑屏幕的三屏融合，即未来三屏可拥有同样的功能，都可用于上网、打电话、看电视。换言之，实现三网融合后，消费者不再需要连接三根线即可实现上网、使用固定电话和看电视等需求。人们希望未来家里有两台电视可分别用于收看IPTV及高清电视。电脑可直接接收到流畅度、清晰度与电视机没有差别的电视节目信号，完全不用担心是否会出现马赛克的情况；包括手机等各类移动终端均可直接添加广播电视接收模块，从而满足用户观看多媒体广播电视节目的需求。而实现这一切对用户的手机上网速度不仅不会有任何影响，反而有所提高。随着行业的竞争，必然会进一步降低服务资费，未来用户能够因此而享受更大的实惠。但实际上经过几年的发展，三网融合的推进有限，各部门的利益分割。

以往有一个严重的误区，即三网融合是电信部门与广电部门的行政权力再分配，似乎是两家行政部门达成某种权力和利益的新平衡就万事大吉了。几年来，三网融合方案的实施主要表现为一级一级的文件传递、广电与电信业行政管理高层争夺内容集成播控主导权、业界学界的理论研讨和媒介的热议，可就是不能变成实实在在的企业行为。

广电与电信是体制内国企，它们分别隶属国家广电总局与工业和信息化部，而互联网领域则主要由民营企业等体制外的市场主体构成，前者以行政权力为主导，后者则是市场为主导。所以过去这些年的三网融合建设，很多时候都是由文件到文件，从部门到部门的政策行为。也因此，政府是否重视、是否制定行之有效的决策决定着能否真正落实三网融合新方案。

广电网和电信网的运营商都是国企或国有控股企业，是同属于体制内的兄弟单位，而互联网行业的硬件、软件制造商和各种应用类企业大都是体制外的跨国企业，如中国的互联网巨头BAT，不论从企业注册地还是资本结构来看，都不是严格意义和传统意义上的中国企业。

毋庸置疑，电信网、互联网的运营主体均为企业且两者均具有完整的产业属性、经济属性。台网分开改革中将广电有线网定义为产业属性，各级运营商均实行企业体制，但是中宣部、国家广电总局及高层领导都曾明确指示和强调，广电业的政治属性是整体性、全方位的，节目（内容）制作、播出、传输等各环节都有导向性，同时，广电网还具有公共服务属性，如这些年来国家一直大力推进的广播电视“村村通”“户户通”工程，都是其公共属性的体现。

因此，广电与电信、互联网双向进入开展对方业务并不完全对等且仅限于产业方面，三网融合过程中在属性和职能方面也不可避免地存在一些冲突，而广电网的政治属性和公共属性实为广电部门与电信部门争夺内容集成播控主导权的决定性筹码。

目前的有线电视网比互联网、电信网已落后好几个时代，而有线电视网开展电信业务简直就是游击队与集团军打阵地战，面对体量、实力比自己强大得多的电信、互联网业，广电业在技术、资本、渠道甚至内容生产方面都很难与之匹敌。

当然，一些广电网络企业拓展电信业务的局部行为却有不少亮点。如重庆有线、杭州华数、北京歌华等开展增值业务起步较早，在发展游戏、娱乐、教育等增值服务付费用户，提升流量和付费业务转化率，拓展电视营业厅线上支付渠道，增加增值应用收入等方面取得了长足进步，它们早已不是传统意义上的有线网络企业，已成长为跨区域、跨行业发展的具有相当规模实力的综合性、融合性现代信息传媒企业。总之，这些企业行为的动力主要源于市场需求和自身业务拓展以及做大做强的冲动，这不仅为广电网拓展增值应用业务提供了某种范例，也被作为展示前一轮三网融合政策成果的“样板间”。[①]广电和电信在许可证发放、监管法律体系、监管机构等方面都需要进一步融合，从而构建协调有效的统一监管体制。

五、IPTV 的发展及限制

交互式网络电视简称IPTV，即基于宽带网的一体化多媒体、互联网、通信等技术，可为用户提供多种交互式服务。用户在家时可通过如下方式享受 IPTV 服务：计算机；普通电视机加网络机顶盒；手机、iPad 等各类移动终端。

截至目前，总局一共颁发了 IPTV 牌照 12 张；全国性牌照（4 张）及地方性牌照（2 张）；省级播控平台牌照（3 张）；IPTV 传输牌照（2 张）；IPTV 行业牌照（1 张）。其中 IPTV 牌照包含集成播控平台牌照（9 张）以及传输牌照 （2 张）及行业性牌照。集成播控平台牌照又可细分为全国性（4 张）及区域性（2 张）和省级牌照（3 张）。

然而，现实是行业仅有一张行业性牌照，其持有者为北京华夏安业

① 任陇婵．三网融合：有多少爱可以重来？ [J]. 视听界，2016（1）.

科技有限公司。仅可基于电视终端进行教育行业内容的运营；虽说传输牌照可进行节目信号、视频的传输，但是不可涉及诸如EPG内容等方面。集成播控平台牌照具有采集输出内容、编排EPG页面权限。综上所述，从权限的层面分析，集成播控平台牌照具有最高的权限。

当前，获得集成播控平台牌照的9家机构分别是：上海文广、央视国际、南方传媒、国广东方、华数、江苏广播电视台、辽宁广播电视台、广东广播电视台、湖南广播电视台。上述机构、企业普遍属于广电系统内的单位。

单向传播的传统电视不利于电视服务提供商与电视观众互动，不利于实现即时化、个性化的节目。基于宽带有线电视网而形成的IPTV其主要终端为家用电视机，借助互联网协议可实现多种数字媒体服务。总体上说表现出如下特点。

（1）可获得接近DVD水平的高质量数字媒体服务。

（2）用户具有充分自主选择宽带IP网中的各类视频节目的权利。

（3）媒体提供者、消费者间实质性的互动。

IPTV呈现出显著灵活的交互特性，即先天具有IP网对称的优势。在网内可采用多种发布方式比如单播、组播、广播等。可灵活地实现终端账号、实时快退或快进、预约节目、计费管理、编排节目等多重功能。此外，基于因特网还可展开诸如电子邮件、网络游戏、电子理财等各项业务。以内容服务而言，显然IPTV较有线数字电视更具优势。

正如上文所述，IPTV融合了三网具有直播且可存储的特点。这些是 OTT TV 及传统的有线电视所不具有的优势。IPTV 在传输方面依托固网宽带实现传输，所以能够形成更具稳定性、效果更好的传输效果。此外，还包含诸如电子邮件、浏览互联网、可视 IP 电话等多媒体功能以及在线娱乐、信息咨询、教育等商务功能；对比 OTT TV，IPTV 的优势则主要体现在具有更为丰富的卫视直播内容。假设电信运营商获取 IPTV 的市场，那么将进一步丰富其信息内容服务。

国内以中国联通、中国电信作为 IPTV 运营的主体，是在电信运营商的导通下基于专用网络收看视频节目。通常打包销售 IPTV、家用电话、家庭宽带等产品，能够为电信运营销售家庭宽带提供更加丰富的产品。数据显示，国内已经拥有 8673 万 IPTV 用户。其中有 6133 万中国电信 IPTV 用户，2524 万中国联通 IPTV 用户。2017 年两种运营主体的 IPTV 的用户突破 1 亿大关。但是由于分别属于工业和信息化部与国家广电总局，两大运营商之间存在根本的利益冲突，加之在扩张渠道、技术以及内容等方面 IPTV 存在网络信息安全的问题，因此从某个层面分析，IPTV 在蓬勃发展的同时，存在巨大的风险，其整体发展前景不容乐观。[①]

① 2017 年 6 月 1 日，中国移动有关 IPTV 传输服务许可（即 IPTV 牌照）的申请被国家广电总局退回；6 月 9 日，国家广电总局发布通知要求中国联通、中国移动对 IPTV 传输服务中存在的问题进行整改。由此可见，IPTV 的发展史其实是广电播控平台与通信运营商反复博弈的历史。国家广电总局规定，只有获得牌照的企业才有资格开展 IPTV 业务，并以此对行业进行监管。广电希望电信运营商只负责技术管道建设；而广电则负责内容的生产、编排和菜单索引。事实上，基础设施的利润低，内容的集成播控才是利益的核心。因此，电信运营商不断尝试与内容制作单位及互联网企业合作，推出相关的视频服务板块，分割广电的利益甚至危及广电的生存。

国家广电总局2010年针对各省广电局发出“41号文”，其中明确提出依法以《互联网视听节目服务管理规定》为依据加大力度查处擅自开展IPTV业务的地区，并要求相关部门在规定的时间内完成整改工作。这意味着除大连、上海等两省十二市获得IPTV落地资格的地区外，叫停了其他各省IPTV业务。对于包括中国联通、中国电信等前期已经投入重金的电信运营商而言，其不仅面临着投入无成果的窘境，同时还需要应对150万用户投诉的问题。

此后国家广电总局先后颁布或出台了各项政策，强调只有取得国家广电总局发出牌照的机构才有资格开展IPTV业务，同时具有集成播控平台对播出内容、EPG（电视节目菜单指南）等方面的管理权限。

2017年6月，国家广电总局发布《关于退回中国移动集团IPTV传输服务许可申请材料》的公函。该公函明确指出，在未申请IPTV牌照前中国移动就已经形成了“魔百和”电视业务，且其用户规模超过了千万。但是从合格上分析，该业务与现有IPTV播控机制的差异性非常大，所以本次驳回中国移动集团的申请。事实上在涉及IPTV内容方面，三大运营商一直都在试探，甚至可以说从未停止过各种小动作。从某种层面上说正是因为对市场环境以及现行的政策过于自信，才导致中国联通、中国移动不幸“中招”。比如中国联通IPTV业务套餐里还包含中国联通自己的沃家应用桌面。

因为IPTV的不断壮大，导致广电与电信矛盾扩大，广电必须压制IPTV的发展势头，避免有线电视的雪崩；而这也形成了因市场竞争所体现的利益倾向，体现出了不同利益集团甚至不同行政机构在电视事业发展过程中的分歧。本质上可理解为电信运营商不断过渡至内容、流量运营商转型的过程，且与广电系统存在利益矛盾。当前万物互联已经逐渐临近，以电视为核心的客厅经济逐渐呈现出白热化的竞争态势。

广电系统希望由电信运营商向用户传输内容，同时由广电系统完成菜单索引、编排、生产内容等相关工作。简而言之，即希望电信运营商能够让其同有线电视一样完成上述相关工作，而赋予电信运营商管道工的角色地位。显然这只是广电系统的“一厢情愿”，电信运营商绝对不会甘于此安排。这与毛利率非常低接近免费的基础设施、必须集成播控内容有着很大的关系，如此一来必然会与广电系统形成竞争关系。“大视频 + 宽带”是 IPTV 的主要形式，对于运营商而言，从电视到客厅再到智慧家庭就是转型的最大契机，这是发展的一般规律。对于当下的广电新媒体而言，IPTV 未尝不是实现转型的代表与抓手。[①] 综上所述，限制 IPTV 并不会对业务的发展及产业格局形成较大的影响，IPTV 仍将保持着发展的主旋律。

六、案例：小米盒子的进与退

众所周知，高清播放机是电视机的附属品，并未同电视一样采取正

① 张靖超. 广电总局叫停中国移动、中国联通 IPTV 业务 [N]. 中国经营报，2017-06-17.

规的渠道售卖。当前国内众多高清播放机厂商积极进军互联网视频领域，未来将不再受《持有互联网电视牌照机构运营管理要求》（以下简称《要求》）影响。

接受市场规则才能进入市场，这是市场发展的客观规律。小米尝试冲击国家广电总局监管底线的行为引起了整个机顶盒业的关注。在此背景下，人们提出不同的观点。有观点认为小米此种高调的行为必然会引起监管局的关注，继而加大监管力度；有观点认为该做法有助于促使国家广电总局改变传统的政策。但是现实并未朝着人们所猜想的那样发展。市场发展的本质是只有遵守游戏规则，才能在游戏中生存。

盒子补充了传统电视的不足，弥补了其缺乏网络功能的缺陷。当下电视越来越强调智能应用似乎已经成为一种标配功能，加之电视产品价格的持续走低，未来电视将不断整合其附属品，即盒子。

奥维咨询相关数据显示，2012 年智能电视增长显著，当年 1 月、10 月的渗透率分别达到 19.2%、41.4%。在此背景下，各家电视企业积极生产智能电视并不断加大生产比例。机顶盒最终一定会被智能电视所取代，而当前其火爆的发展前景只不过是产品的过渡阶段。

从功能层面分析，当前盒子仅能提供有限的功能，其市场已经不再被人们所重视。电视屏幕是硬需求，而盒子仅改善了电视内容的软需求，未来市场上将逐渐减少传统电视，传统电视不再是现代家庭娱乐的核心。当然，所有家庭都要摆放电视，家庭的客厅将出现越来越多的物美价廉、时尚、轻薄的同时具备智能操作系统的电视。

假设进一步简化智能电视的操作，进一步降低其售价，这将进一步挤压盒子有限的生存空间。雷军将小米盒子定位为“手机配件”。小米手机的目标群体普遍为在校生、刚步入职场或者收入偏低的年轻人。此类客户普遍以租房为主，他们对电视机的需求较小。当然并不排除其中有大部分年轻人尚不具备使用电视机的条件。所以如果以小米手机的用户为目标拓展盒子用户，那么一般不会出现用户重叠度较高的情况。

电视收视年龄呈现出“老龄化”的发展趋势。数据显示当前收看电视的群体主要为40岁以上的消费者，而这一群体普遍对发烧手机配件没有强烈的兴趣。

上游内容是走向台面的关键。2011年国家广电总局发布的《持有互联网电视牌照机构运营管理要求》中明确指出，电视盒子进入市场的前提条件是与牌照持有方合作。而纵览整个市场也仅有CNTV、上海文广、南方传媒等几大广电企业具备此种资格。二度重生的小米盒子，其实可以一定程度上说明其俨然已经接受“断臂”的代价。

最终小米盒子宣布与CNTV形成合作关系，并利用其中的中国互联网电视集成播控平台提供相关服务，比如用户计费、客户端管理、提供内容等。而小米则仅维持原本相较单一的服务方式，即以平台为载体为用户提供服务。

CNTV也与乐视形成了合作关系。通过双方签署的协议分析可知，CNTV主要总体把握互联网电视业务，确保所提供的播出控制平台、内容分发平台均符合国家广电总局政策要求。除了为广大用户提供自有内容，还为用户提供第三方节目内容，落实播控审核工作。乐视主要为CNTV 提供 CDN 分布资源、内容以及研发互联网机顶盒及生产、服务、运营等相关服务。

互联网牌照方同时扮演着运动员、裁判员的角色。因此从某种层面分析很难准确定义市场。比如日前百事通发布了互联网电视机顶盒，并将该机顶盒命名为“小红酷盒”。不排除牌照方随着盒子市场的做大，踢开其他盒子自做的可能。①

七、结语

当代中国互联网电视最集中的问题，是解决互联网电视快速发展与旧有政策的不匹配。随着网络剧的热播，总局领导提出要线上线下统一标准。这样就抹杀了网络剧更国际、更自由和更有时效性等特点，一方面使中国互联网电视一时显得风清气朗，另一方面也把孩子和洗澡水一起倒掉了，使本来蓬勃发展的网络文艺缺失了动力，也让观众少了诸多的选择。这种限制还典型地表现在对电视盒子的严格中。2013 年开始爆发的电视盒子一度年销售 2200 万元，但总局的一纸封杀令，使牌照方成为最大的受益方。电视盒子具备完全的互联网特点，就是对传统行

① 从小米盒子看“盒子”乱象 [EB/OL].（2013-02-01）[2018-09-25]. http://dh.yesky.com/hdplayer/271/34435771.shtml.

业的颠覆。但政策限制使所有的互联网电视经营方都必须与国家广电总局发放的七家互联网电视牌照方合作，电视盒子遂宣告“死亡”。这又是一出典型一放就乱、一管就死的案例。

互联网电视就是在新与旧的艰难博弈中“摸着石头过河”。不仅是民营的互联网企业所运作经营的电视盒子、网络剧问题繁多，就连政府力推的三网融合也面临多年的困境。有线电视网络、电信网络和计算机网络各自隶属不同的行政管理部门，有着许多截然不同甚至相互矛盾的利益诉求。有线电视拥有几十年积累的内容储备和观众收视习惯，电信有更为健全的通信基础设施和复合的通信集成，互联网则有一众超级企业巨头、按捺不住的风投资金以及无可限量的未来。从媒介属性上看，广电是最弱势的，它比互联网和电信网已经落后几个时代。但它在互联网电视领域具备后者所无法取代的政策优势。这从某种角度造成了如今三网融合以及 IPTV 的困境。因此，我们希望政策对于电视产业的发展不仅是限制和制约，还应该是机构调整、政策明晰和功能明确之后互联网电视的发展和繁荣。

第二章　大数据介入互联网电视

从最初用日记法到后来的小样本的人员测量仪法来收集和分析电视收视率，现在来看都有很大的局限性。[①] 现在在传统的问卷调查和小样本数据采集以外，以互联网技术为基础可以海量采集社交媒体数据、移动端数据、互联网点击数据以及线上线下购物的数据。这些数据不但数量庞大，采集成本相对低廉，更为重要的是它让电视节目的制作和广告投入变得更为精准有效。

---

① 现在的电视收视率主要引用中央电视台－索福瑞（CSM）的调查分析。索福瑞最初及采用日记法，即调研单位给样本户中每一家庭成员发放日记卡，要求他们把每天收看电视的情况（包括收看的频道和时间段）随时记录在自己的日记卡上，定期进行收集处理和分析。现在则改用人员测量仪法。人员测量仪由三部分构成：显示仪、储存盒、手控器。当家庭成员开始看电视时，必须先按一下手控器上代表自己的按钮，不看电视时，再按一下这个按钮。储存盒会把收看电视的所有信息以每分钟为时间段（甚至可以精确到秒）储存下来，然后通过电话线传送到总部的中心计算机（或通过掌上电脑入户收集数据）。可以看出这两种计算方法都很原始机械，操作起来非常不便利。即便号称“国际上最新收视调查手段”的人员测量仪法，索福瑞的样本数据也只有18500户，相比较互联网时代海量的数据和多元精准的采集方法都显得远远滞后了。

20世纪80年代中期，我们开始用仪器追溯受众行为，当时在美国市场出现了两个有名的数据库，即消费者的电视收视数据以及消费者在超市的购买数据。融合两大数据具有重要意义，这有助于测量电视广告的作用，并对消费者行为产生影响。20世纪90年代后，进一步推进互联网商业化发展，消费者通过网上点击形成数据，即形成点击流数据。点击流数据具有开创性，而以往所收集到的数据往往仅是记录的结果。换言之，通过这些数据仅可明确用户购买了哪些产品，而不清楚用户是以何种路径购买产品的，也无法准确预测其形成购买行为的过程。通过点击流，可明确消费者的行为。这些数据中蕴藏着十分丰富的信息，有助于信息需求者了解用户的偏好和隐性需求，预测消费者的消费动机。[①]

最近几年，移动应用及社交媒体发展神速，这也让我们在一个新的层面获取更为丰富的信息。在此之前，人类仅可收集个人行为数据，此后可收集全网数据，进一步开放视野，逐渐实现以移动应用追踪取代以往的线上追踪用户行为。这意味着当下我们已经进入全方位且十分隐秘的大数据时代。那么，大数据在电影产业的应用前景如何？它对于节目的内容生产、宣传推广和广告营销的影响怎样？大数据会做到精确识别观众收视习惯，了解受众节目偏好，并实现收视率调查及其应用的革命吗？

一、大数据的应用前景

电视应该如何拥抱大数据？需要明确电视业应用大数据的两个前提条件。

① 杨沙．大数据在电视行业的应用[J]．收视中国，2016（4）．

第一，不断增加的收视率统计样本，逐一扩大至采集所有受众的数据，同时保持传统的“结构化数据”。而大数据的精髓在于“非结构化数据”。从电视业的发展层面分析，可将非结构化数据理解为诸如音频、视频等各类实时文件、流媒体数据以及各类实时用户数据、实时社交数据。单纯的结构化数据已经无法满足大数据时代对于收视率数据的需求了，已经无法满足转型融合媒体的发展需求了。

第二，公共大数据服务符合发展趋势，具有合理性。没有必要自建大数据平台。当前全球大数据产业链已经形成了互联网公司开源、技术企业产品化以及应用企业在线租用的基本模式。比如 2004 年谷歌公开发布了 Map Reduce 分布式并行计算技术——Apache Hadoop Map Reduce。

事实上电视台早在媒体调研领域引入大数据前，就已经形成了收视率调查的概念，监测样本数据并形成可作为制作电视节目、编排以及调整的参考依据。这也是广告主唯一认可的评判标准。与此同时，在互联网不断介入、渗透传统媒体的今天颠覆了传统的客户收视文化，并形成了全新的收看模式，即大小屏幕相连、小屏互动、大屏收看的模式。多屏互动时代收看方式逐渐趋于碎片化、多样化发展。这在一定程度上加大了精确调研小数据时代，即调查收视率样本的难度。当然，仅通过收视率也很难实现精准定位受众的情感倾向、兴趣、喜好以及爱好。

当下社交媒体广泛利用大数据多屏的同时形成了大量与消费者、用户、关系、观点数据相关的信息。而这些丰富的信息有助于调查者更直观地获取关键信息。比如通过分析信息了解受众最喜欢的电视节目、对某一档节目的看法、节目的受众特征以及节目可能会对受众的消费产生哪些影响等。总之，借助文本挖掘技术、大数据分析技术即可逐一破解上述问题。

通过共同搭建广电大数据平台实现信息共享与流通，充分挖掘其中的数据价值，可以深入洞悉互联网时代新形式、新业态的协同发展模式。以此为契机，构建更加完善化的大数据平台体系。综上所述，电视产业接入大数据可多维度地满足政府、节目制作单位、电视台监控舆情服务、收视调研数据及精准支持投放数据、广告分类、个性化经营数据等众多服务需求。

二、全数收视测量的可能

从电视产业的发展历程来看，大数据对产业发展最具成效、最直接的影响体现在全面颠覆了收视测量等方面。不断扩大规模改变现状是大数据的核心思想之所在，其中最大的特色即体现在其统计的依据并非随机抽样，而是全数据。众所周知，抽样分析存在诸多瓶颈性问题。其主要体现在信息流通不足、匮乏性等方面。随机性的抽样决定着此种统计的效度与信度，不适宜对子类别进行考核。换言之，无法满足人类细分深层次的研究需要。扁平化的数据模式是随机抽样的数据来源。

基于大数据处理技术的全数据收视测量，给电视收视率调查带来了革命性的改变。在此背景下，专业机构能够收集并测量所有与特定变量有关的数据，样本可以是总体。随机抽样调查收视率极有可能被海量样本、全样本收视调查取而代之，从而形成更为精准的数据，满足电视产业发展的需要。

分析收视测量的发展历程，总体上说主要经历了如下四个阶段：首先是电话调查；其次是日记卡固定样组测量；再次是测量仪器记录；最后是数字电视测量技术。由于前三代仅以抽样调查作为测量的依据，所以很难获得大量样本。此外，前三种测量方法往往要求客户高度配合，其存在较大的误差。在数字电视背景下，频道不断增多，业界迫切希望可以精准地调查收视。虽然通过增加样本数量能够一定程度满足第三代收视测量仪的上述需求，但是这必然会相应地增加成本。

第四代收视测量是基于大数据不断发展起来的，其不再仅局限于以往的抽样调查，而是通过升级电视机顶盒，能够实现精准记录观众使用增值业务、转换频道、开关机顶盒等相关操作。客观上说，这些不仅有助于实现安全采集、传输数据，同时这也是实现全样本测量的关键之所在。尼尔森公司作为全球收视率调查公司中的翘楚，该公司就引入了大数据挖掘技术，可有效提高测量收视率的样本，能够获取前一天全样本预测收视率数据。[①]

三、基于数据的内容生产

大数据的核心是“大”与“全”，可以形成立体、全面的视角。利用分析工具梳理那些繁杂的却没有任何价值的数据，并结合多维度的数据构建信息体系。引导人们精准地把握市场状况，准确预测产品的未来

① 史安斌，刘滢．颠覆与重构：大数据对电视业的影响[J]．新闻记者，2014（3）．

发展趋势。虽然从整体层面分析直到今天我国电视仍未建立“全”视角，但是现有大数据完全可媲美欧洲电视产业。当前有线数字电视已经成功地进入了寻常百姓家庭，并积累了大量与电视产业有关的信息，构建了规模宏大的包含人口统计 、用户使用痕迹以及消费行为等各类数据的数据库。借助大数据技术，将重新赋予那些曾经被遗忘信息的价值。策划阶段那些曾经处于混沌状态的人终于有机会提前锁定节目收视群。从某种层面分析，大数据分析将从产业源头上改变电视节目的走向。[①]

以观众收视行为切入点的大数据分析成为整个电视生产流程各个环节不可缺少的一部分，具体情况如下。

生产前端：观众收视行为分析将成为生产剧本以及内容准备等各个环节所必须充分思考的问题。大数据通过分析受众的收视行为，比如在观看电视的过程中分析快进、回放、暂停或者搜索、评论等相关行为即可推导出用户所倾向的故事类型、演员、故事桥段等。这样即可实现在策划阶段优化节目创作的目的。

生产中端：越来越多节目的拍播模式变成边拍边剪边播。当前边剪边播已经成为很多拍播的主要模式。生产方通过此模式即可实现在节目播放第一集的过程中就分析受众爱好，并回应各个内容片段，在后续策划或者制作作品时充分运用分析结果去合理化情节设置，以观众的意愿重新制作或者策划布局脚本，决定脚本的结局。

生产后端：电视可依托大数据实现精准营销。收集并分述与营销有关的数据，并建立营销数据库是科学分析营销的关键之所在。大数据融

---

① 人民眼光．传统电视台：在大数据浪潮下变革[EB/OL].(2014-07-16)[2018-09-25]. http://history.people.com.cn/peoplevision/n/2014/0716/c371464-25287909.html.

合了关联分析、海量数据，可实现精准了解消费者需求，从而结合消费者的需求推荐消费者喜爱的节目。除此之外，这一过程中还可了解与消费者有关的相关信息，比如文化背景、年龄、职业情况等，这些都有助于生产者更有针对性地举办或者开展推广活动。[①]

由于国内电视人的直觉判断以及其原有经验，其具备的综合素质已经一定程度上脱离了现代人的收视心理。所以当前国内很多成功的电视节目都是“借鉴”了海外模板，这包括《爸爸去哪儿》《中国好声音》等深受民众喜欢的节目。精准地了解观众的收视心理是了解观众审美步伐，是对观众的收看习惯产生影响的前提条件。基于此，可运用大数据工具综合分析受众的消费习惯、兴趣爱好、家庭背景、职业等。通过全面的分析，赋予观众鲜活的面孔，更加精准全面地了解观众的兴趣爱好。

网络节目《你正常吗》是腾讯与电视制作机构唯众共同合作的。该节目就尝试了大数据应用，节目组在前期策划中通过问卷调查等方式获得了大量网友身份信息并以此作为策划、编排节目的依据。该节目自播出后就得到了广大网民的认可，其关注度、点击率均非常高。虽然就当前的发展前景来看，短时间之内大数据不可能覆盖整个电视产业，但是就电视产业的发展来看当下应结合各个角度，转变思维了解受众，只有这样才能促进电视产业的发展。这也是每一个电视人应尽的义务，只有告别闭门造车的思维，充分运用大数据才能真正促进电视产业的发展。未来大数据将成为电视产业发展不可或缺的一部分。

---

① 郭小平，陈虹虹．论大数据时代的电视变革[J].现代传播，2014（11）.

四、动态调整播出

大数据除了支持前期筹备活动外,还可结构性地影响电视节目播出。进入互联网时代后形成了日愈碎片化的信息传播,在海量数据信息中,观众拥有更多选择。在此背景下，很难要求用户持续关注一档电视节目。这是因为观众具有动态变化的需求，而平台所播出的节目是相对静态的。进入大数据时代后，制作方可通过分析大数据更为精准地了解观众的需求，从而动态调整节目内容。有人形象的将大数据以前的节目比喻成陶瓷，其外表光滑美丽、坚硬无比，但是已经固定了形状、大小；而进入大数据时代后节目如同可随时添加材料、雕琢的橡皮泥。

通过大数据，节目组可在节目播出后第一时间获得观众的反馈。其反馈渠道主要包括论坛、社交媒体等。虽然用户通常会在观看节目后随意、即兴的评论，其评论往往没有任何理性依据，也很难真实、具体地反映节目的播出效果。当然，通过有限的信息也无法说明观众为什么喜欢观看节目。但是这些有限的信息对于制作人而言可实现有针对性的改进节目,从而告别盲目创作；此外缩短了调整节目的时间,形成更符合市场需求的节目内容。大数据还能够让广大观众获得强烈的代入感，节目可实时采纳大众所发表的评论、意见。此种方式又进一步提高了观众与电视节目间的互动，有助于培育观众对电视节目的忠诚度、黏性。

虽然传统的电视节目中也设置了诸如热线电话、有奖竞猜等方式引导观众参与节目，但大数据不仅能够让观众参与其中，同时还能够引导观众与节目形成更为紧密、有效的连接，甚至成为节目的创作者。小米正是充分利用大数据的优势，集集体之智慧与创作热情，获得了网民的关注与较大的市场份额。在此背景下如果还能够充分运用大数据的优势作用将全民创作的热情移植到电视产业，电视节目才真正贴近了群众。

五、精确制导推广

大数据在节目播出后仍可基于各个层面发挥作用。传统地将节目上传至网络后，一般仅能够通过视频播放次数说明节目的人气。而进入大数据时代后可引导人们以全新的视角分析电视剧，形成更为科学的节目评价体系。通过该评价体系可充分说明观众在观看电视节目时，在哪些环节或者桥段最易停止观看或者选择快进，哪些部分的内容最受观众喜爱，重播的次数最多。在观众观看节目的整个过程中会形成庞大的数据信息痕迹，另外，在这一过程中用户也会与网友进行评论，如此形成了庞大的数据。客观上说，这些均是大数据时代所特有的评价节目收视率的方法，不再仅以收视率这一唯一的指标评价节目是否成功。

近日微博与索福瑞联合发布了全新的评价电视节目的指标——微博指数。通过该指标能够较为准确、客观地分析网友利用互联网评价电视节目的情况，比如在生产电视的流程中形成大数据产品和大数据技术，并直接影响了制作电视的决策。节目品质与明确的路径引导观众发现节目同样重要。制作人可充分结合大数据技术捕抓到详细的、能够充分说明互联网收视群、流行趋势的数据，进一步剪辑节目使之形成更精练短小的片段，并结合受众的口味贴上受众喜爱的标签。最后利用网络实现二次精准的传播，进一步扩大节目的知名度、影响力。

大数据时代，能够实现更为精准的线下营销。众所周知，大数据分析能够获得详细的收视群数据，而这些信息有助于节目制作方更有针对性、有效地制作节目、开展线下活动、开发相关产品。比如大数据分析人员发现大众汽车的车主普遍青睐罗大佑的歌曲，虽然现有的技术并不能充分说明车主为什么喜欢罗大佑的歌曲，但是可获得两者间的关联性。一旦大数据挖掘了此种娱乐产品与消费者的关联性，那么就可促使制作方明确思路，科学开展线下活动，从而找到一种最能够被观众接受的方法。

总之，大数据正在逐步渗透并影响着中国电视行业的发展，它必然对中国电视整个产业的发展产生巨大的影响。未来电视行业将面临变革产业结构，颠覆生产方式的发展趋势。在此背景下电视人应转变思维，避免自居强势媒体的身份，应审时度势科学运用大数据改造节目，只有这样才能提高电视在媒体生态圈的生存能力，实现可持续发展。

六、把握收视习惯

毋庸置疑，近十年来人类已经进入大数据时代并改变了收集、采样、分析数据的习惯。在电视产业中，具体而言主要表现在以下几方面。

（1）个体化收视习惯逐渐取代家庭化收视。过去电视收视模式是以家庭为单元的，家庭成员在黄金时段一起收看某类电视节目。当前海内外市场各类自媒体、新媒体、收视渠道应运而生且已经得到普及化发展，逐渐改变了家庭化的收视习惯。一项调查表明，北京地铁里乘客普遍喜欢玩手机打发无聊的时间，其中约有 50% 的乘客用手机观看视频；国外地铁上同样有很多乘客使用手机，但是用户使用手机观看视频的比率远小于中国。分析这与中外文化的差异有关。美国人认为不适宜在公众场合看视频，因为视频具有一定隐私性。当前人类的收视习惯悄然发生了变化，家庭化传统的收视方式已经不再流行，而逐渐趋于个体化发展。这一变化给我们的调查带来了两个好处：首先，有利于我们获得更加独立的、精准的家庭成员的收视偏好，继而获得相关信息为制作新节目、形成广告意向奠定基础；其次，深化个体化的需求研究。数据分析是不再以家庭为单位，而是以个体为单位。

（2）社会化收视行为。社交媒体背景下所形成的社交群体收视行为极大地影响着个体对电视节目的行为、偏好。从数据挖掘的层面分析，此种变化趋势最大的作用主要体现在：结合个体行为数据更加科学地预测其收视行为，精准推荐影视节目。1999 年，Netflix 公司正式成立。该公司专注视频网站、视频租赁等活动。随着 Netflix 公司的不断壮大发展，极大地冲击着整个影视租赁市场。客观上说，租赁的数据是 Netflix 公司精准服务客户，并获得成功的关键之所在，直到当前仍是如此。近几年来为了提高宣传效果，Netflix 更是重点征集算法，花费了百万美元进行征集，以期提升网站推荐系统的能力。数据显示，当前 Netflix 推荐的影视作品得到 70% 用户的认可。

（3）多屏化的收视行为。具体体现在人们同时使用电脑、电视观看节目。获取双屏数据成为其中最为关键的事。总体上说主要涉及如下两方面的工作：首先是浏览哪一个网站；其次收集线上信息。双屏数据提供了新的维度来测量电视广告的时效性、有效性。展观率和曝光率不能说明用户对广告产品的兴趣，而通过双屏幕数据有助于了解用户基于电视广告而对产品的兴趣程度。

七、探索节目偏好

传统模式下，一般由编辑导演制作影视节目。大数据时代允许统计学专家、科学家合作共同制作生产影视内容，一部影视剧往往可用音乐、场景、年代、演员、题材等各种标签进行描述说明。大数据除了可用于描述变量之外，同时还可收集用户反馈某部电视剧的情况；大数据可记录用户播放、点击、回放、快进、关掉视频等各种操作。统计学可结合上述两类数据建立模型,从而更加全面地说明影视剧中各要素的关联性，并形成强大的信息系统。通过分析历史数据，这些因素的集合能够充分说明用户对节目的反馈情况。这充分说明在制作影视节目及生产影视内容方面，大数据发挥着十分重要的作用。

是否拍续集是影视制作方着重考虑的一个课题。过去投资方往往先拍第一部剧，然后再结合用户反馈情况决定是否拍续集；进入大数据时代；可通过节目的口碑数据、社交媒体数据及其关联数据，在播出第一部节目时就可决策是否拍续集。无论是电视剧还是综艺节目，播出之前就可以搜集社交媒体的讨论数据，不用等第一部放完就追加投资，这可以大大提高投资的精准度和效率。

新媒体营销显著区别于传统媒体营销，前者可获取用户购买情况、点击流以及用户对广告的反馈等各种用户使用数据。基于大数据的网络内容营销有助于实现精确营销，提高营销的投资回报率。从数字媒体的发展分析，行为定向广告的发展已经成为一种常态了。比如 1000 人同时登录淘宝网，由于每个人的兴趣点不同所以关注不同的广告。从影视营销的层面分析，定向营销无疑是其中最为重要的营销手段。

在推广影视内容、产品等方面，社交媒体均充分发挥了作用。比如很多商家通过脸书进行广告营销并对影视剧进行推荐，通过朋友圈获取用户对影视剧的认可情况。这在大数据背景下得到普遍性应用，通过此法能够获得个体以及朋友圈等各类信息，朋友的推荐使其点击率、关注率分别可增加 5%、10%。

对于传统媒体或者新媒体而言，创新营销都是至关重要的工作。营销人员创新案例使人们产生兴趣，而非炒作。比如哥伦比亚广播公司（CBS）就曾经通过在超市售卖印有秋季要播的电视剧的鸡蛋，从而达到宣传其电视剧的目的。从目标观众来看，CBS 主要以年龄较大的女性为主，所以选择这种夺眼球的方式进行营销。此外，对于年轻受众而言，增加电视内容与受众的互动特别重要。针对美国年轻人普遍喜爱看视频的特点，情景喜剧创新性地推出移动应用，观众只要扫描广告即可利用第二屏幕购买，此种方法获得了较佳的广告营销效果。

八、增强广告效度

近年的广告市场总市值大约在每年4000亿元，电视广告1000亿元，网络广告近3000亿元，其他如广播、杂志和报纸的广告额度很小。总的趋势是电视广告每年以2%的速度下降，网络广告则每年加速增长。网络广告的精准性、关联性和便利性较之于电视一类的传统广告形式都要高好几个数量级。更为重要的是，网络广告把内容收看和产品消费做了非常有效的关联，许多的内容消费者在点击进入一个链接之后秒变为产品消费者。广告对于读者来说，很多时候并不是单纯的被动收看，而是主动参与到内容情境下的广告阅读与消费中。与之形成鲜明对比的是，电视观众则常常跳过广告收看其他节目和其他频道，既无法形成广告的有效收视，更无法形成产品的直接消费。

观众没有兴趣是其跳过电视广告的根本原因。比如不喜欢狗的观众往往会跳过狗粮有关的广告。2010年Comcast曾经以美国巴尔摩市为例展开实验研究，分成两组人员参与实验。第一组主要结合人口的兴趣爱好、人口特征匹配广告；第二组为随机匹配广告。该实验约有32%的用户选择在广告时间换台。这充分说明针对性投入电视广告的重要性，只有与消费者存在紧密联系性的广告内容，才能够引起受众的支持，若不然将影响广告效果。

众所周知，在互联网广告、数字媒体市场中谷歌均占据着非常高的比例。比如在美国占据70%的份额。谷歌自正式进入电视广告市场后，就取得了阶段性的成绩。比如在亚特兰、堪萨斯城为用户提供高清光缆电视，通过这样的方式了解用户访问互联网网址的相关信息，并预测用户兴趣针对性地提供广告。谷歌的数据量十分庞大，具有融合用户浏览行为及电视收视行为的能力，因而其预测能力十分强。能够实现较为精准地预测用户对产品的兴趣并高精准地匹配电视广告。发展中的谷歌认为电视行业也可引入互联网广告的经验，而这一想法引起了美国电视专业人士的注意，并采取了相关行动。

九、电视用户画像

用户画像是根据用户的社会属性、生活习惯和消费行为等信息而抽象出的一个标签化的用户模型。通过分析用户信息，高度提炼其中的特征标识，给用户贴“标签”是构建用户图像的关键。举个简单的例子：用户如果频繁购买玩偶玩具，那么电商网站即可结合这一情况将对应的用户贴上“有孩子”的标签，甚至可结合用户具体购买玩偶玩具的情况推断其孩子的年龄。而电商网站对用户所形成的标签，均可统称为用户画像。因此可通过判断用户画像分析用户情况。

从现实的角度分析还可将用户画像理解为数学建模，结合特殊业务需求形式描述用户的数据，它源于现实，高于现实；用户画像是通过分析挖掘用户尽可能多的数据信息得到的，它源于数据，却高于数据。

以大数据为基础进行用户画像的基础在于相关数据的全触点打通，在对用户进行微观画像和对用户行为偏好进行分析的基础上来实现精准广告营销。因此，电视用户画像需要建设电视用户中心大数据平台，以收集、打通电视行业内外部用户数据，建立结构化的电视用户画像并对用户进行细分，识别用户的兴趣爱好等特征，最后基于电视用户画像完成营销增强和精准营销。事实证明，对精准人群进行投放是盲投点击率的 10 倍。

当代智能电视用户画像是收集、融合全网使用信息或者智能电视用户海量收视数据综合判断用户的相关信息，比如是否具有潜在购物倾向、用户的家庭成员构成、消费行为、能力等方面的信息。综合各种信息能够实现较为精准地梳理各属性用户群体，形成充足的信息为业务运营奠定基础。分析观看节目的用户的饮食偏好、APP 软件使用情况、主要活动区域等。在此基础上融合全网数据建立用户画像，全面了解用户的行为习惯，实现精准营销，个性化推送内容，通过这样的方式使文化娱乐主导用户消费行为。

除实时收视数据以外，针对观众收视与用户属性、消费行为的融合研究也是合作的重要部分。通过与腾讯、TalkingData 合作，结合欢网自身数据，采用智能标签体系、机器学习、LBS 数据挖掘、FastGreedy 算法等多种大数据处理技术，从人群属性、生活状态、兴趣偏好、消费特征等多个维度进行用户描绘，通过数据为业界提供更为丰富的受众信息。

通过分析用户收看偏好，建立标签体系，根据用户动态收视数据与节目内容标签相融合，可以实现对用户观看节目内容特征的动态描述。利用贝叶斯算法，可将用户兴趣分为影视迷、娱乐达人、科技控、家庭主妇、时尚白领、军事迷等十七类。①

---

① 刘洁婷 . 智能电视数据研究：实时平台与用户画像 [J]. 收视中国，2016（3）.

十、数据驱动的流量明星

大数据是一种流量，大数据在电视中应用的目的也是带动流量。流量明星既是数据的体现，也是当代电视收视率的保证，同时更是注意力经济的美丽表征。他们自带流量、吸粉无数，是互联网时代的弄潮儿和幸运儿。

流量（traffic）一般是指网站的访问量，该指标可用于说明用户浏览页面以及网站用户数量情况。比如总用户数量、独立用户数量、页面浏览数量、网站平均停留时间等指标均可进行判断说明。有人这样定义："流量意味着体量，体量意味着分量。'目光聚集之处，金钱必将追随'，流量即金钱，流量即入口。"也有研究者这样定义："流量，即互联网用户的时间。其计算方法是用户数乘以用户使用时间。"前者说出流量的价值，后者说出流量的计量方法。

对比来看，活跃于电视领域的收视率被定义为电视观众人数（到达率）与其收视时间（忠实度）的乘积，从计量的方式上与互联网界的流量思维异曲同工。同时，收视率也被称为电视节目和广告交易的通用货币，所以收视率也是金钱。这样来看，收视率就等同于电视界的流量思维。

基于这样的对比和理解，引发我们讨论三个非常有意思的发现。

第一，收视率和流量是可以相互转化的，当节目在电视屏幕上播出时，我们以收视率计量之；当节目转换到电脑或者移动端播出时，我们就以流量计量之。如此，所谓跨屏收视率即是收视率与流量的某种叠加。

第二，收视率和流量之间除了时空场景上的跨屏移转之外，也可以同一时空场景并存，即后台以流量体现，前台则表现为收视率。例如当下越来越流行的 OTT 机顶盒、智能电视一体机等带有三网融合性质的终端，看的是电视屏幕，接入的则是互联网。

第三，测量收视率时测定的是实际时间，流量则可以基于带宽和网速计算出平均使用时间。电视观众之于收视率付出的主要是时间成本，网民之于流量除了付出时间成本还要加上带宽成本，所以流量更贵。但是收视选择的便利性和附加值可以抵消带宽成本。①

判断流量明星的主要标准是杂志预售销量和参演电影的预售票房。电影发行时可以参考其包场和预售的粉丝量，“包场看死忠，预售看散粉”。一般认为，微博、网页的转赞、评论和网播量不能作为主要参考，原因是数据注水成本低、污染太严重。

起初，鹿晗的一条微博评论数高达1300万，创造了吉尼斯世界纪录，一年之后这一数据攀升到了1亿。这预示着一种新的互联网造星模式即将产生，对国内娱乐经济造成重大影响。以往制造明星往往基于如下三个步骤完成：首先是演艺产品；其次是关注大众媒体；最后是话题营销。但是流量明星缩短了发酵时间，其一般以自身的性格、外表吸引粉丝聚集并扮演着推广者的角色，进一步影响大众的广泛关注。

明星本身就是“注意力经济”的产物，粉丝越多其商业价值越高，明星效应就相当于互联网产品的“流量”。而互联网从诞生之初就被冠以“注意力经济”标签，“流量为王”与明星效应有着异曲同工之妙。明星代言互联网公司，除了可观的收入，两者之间等量级的“公众注意力”是关键。

按照经济学的理论，注意力经济研究的是如何利用稀缺资源。当前人类社会充斥着各种信息，从某种层面分析甚至已经处于泛滥的状态。

---

① 郑维东．收视率与流量思维[J]．收视中国，2016（8）．

总之，在此背景下信息不再是稀缺性资源，而是存在较为严重的过剩的情况。这些过剩的信息中仅有人的注意力是稀缺的。

具体而言，主要表现出下述特点：其一是不可复制的，无法共享；其二是稀缺的，是有限的；其三是具有易从众的属性，换言之即受众彼此间可相互影响、交流；其四是注意力具有可传递的属性。比如受众通过关注名人，从而关注由名人代言的产品。当今整个社会已经呈现出越来越严重的信息过剩问题，而只有那些能够形成商业价值的信息才能够引起人的注意力。从经济学的角度分析，注意力往往具有经济性。注意力，即将人类有限的精神活动用于关注某一特定的资讯项目。在人类的意识中形成某种特定的项目，关注特定的项目，并以此为依据决定是否采取行动。假设个人在未充分考量的情况下就已经针对某种事物进行行动了，那么不可说明用户是否关注事物的存在。只有基于注意力而形成的经济模式，才可称其为注意力经济。

所谓注意力经济，顾名思义即吸引消费者、用户的注意力，并通过这样的方式引导消费者形成消费意识，以此为契机为引导者带来强大的商业利益。该种经济状态中大众的注意力是最为主要的资源。换言之，此时大众的注意力比信息、货币资本对整个经济状态的影响更大。大众关注产品是产生消费者，即购买产品的必然条件。因此，吸引大众的注意力是引导大众购买产品的重要营销手段。因此从某种层面分析注意力经济的本质，即“眼球经济”。

与流量明星、注意力经济紧密关联的即是“粉丝”，其产业化的呈现就是粉丝经济。粉丝经济属于影视产业特有的经营性创收行为，该行为是建立在被关注者与粉丝之间的。该商业运作模式具有通过口碑营销形式，提高用户黏性而形成效益（经济、社会）的特点。毋庸置疑，互联网相较于传统的经营方式不存在时空的限制，在销售商品、文化娱乐等各个领域均存在粉丝经济。此种经济模式最大的特点是商家可基于某种平台利用某种契机或者兴趣点聚集粉丝圈、朋友圈，从而将富有个性化、多样化的商品、服务提供给广大粉丝用户，并最终转化成消费，创造盈利。

从某种层面分析，大众文化的商品化发展速度能够一定程度说明“粉丝经济”的发展。20世纪90年代中后期国内逐渐形成“粉丝经济”“粉丝文化”。这一时期的“追星族”虽普遍具有较高的自发性，但是组织性、计划性不足。随着发展当前的“粉丝”群已经逐渐成为具有自发性、组织性的团体，且表现出显著的职业化发展趋势。近年来，国内各类选秀节目如雨后春笋不断增多，其中最具代表性的是《超级女声》节目。现在的“粉丝”是一群特殊的大众文化接受者，年龄较为集中在15～31岁，女性较多，他们以异乎常人的热情成为其所崇拜的名流、明星或者某一个人、团体的拥趸。虽然并不一定能形成强大的购买能力，但是却实现了超强的偶像消费冲动。

十一、案例：奈飞《纸牌屋》如何成功？

Roy Price有一项责任非常重大的工作，他要负责帮亚马逊挑选即将制作的原创节目。当然，这个领域的竞争非常激烈。其他公司已经有那么多的电视节目，Roy不能只是随便乱挑一个节目。他必须找出真正会走红的节目。

IMDB（网络电影资料库）里有 2500 个电视节目的客户评分，分值从 1~10。观众不知道的是，当他们在观看节目时，实际上他们也正被观察着。Roy Price 及他的团队观察他们，并记录了一切。他们记录了哪些人按了播放，哪些人按了暂停，哪些部分他们跳过了，哪些部分他们又重看了一遍。他们收集了几百万个数据，因为他们想要用这些数据来决定要做什么样的节目。理所当然，他们收集了所有的数据，处理过后得到了一个答案，而答案就是“亚马逊需要制作一个有关四个美国共和党参议员的喜剧”。他们真的做了。

有人知道这个节目吗？那就是《阿尔法屋》。但看起来大部人都不记得有这部片子，因为这部片子收视率并不太好。它其实只是个一般的节目，实际上一般的节目差不多在大概 7.4 分的位置，而《阿尔法屋》为 7.5 分，所以比一般的节目高一点儿，但绝对不是 Roy Price 和他的团队想要达到的目标。

但在差不多同一时间，另一家公司的另一个决策者，同样用数据分析却做出了一个顶尖的节目，他的名字是 Ted，Ted Sarandos 是 Netflix 的首席内容官。就跟 Roy 一样，他也要不停地寻找最棒的节目，而他也使用了数据分析，但他的做法有点不太一样。

不是举办竞赛，他和他的团队观察了 Netflix 已有的所有观众数据，比如观众对节目的评分、观看记录、哪些节目最受欢迎等。他们用这些数据去挖掘观众的所有小细节：他们喜欢什么类型的节目、什么类型的制作人、什么类型的演员。

就在他们收集到全部的细节后，他们信心满满地决定要制作一部不是四个参议员的喜剧，而是一系列有关一位单身参议员的电视剧，这就是《纸牌屋》。当然，Netflix 至少头两季在这个节目上赚到了极高的收视率。我们生活在一个越来越依赖数据的时代，我们要用数据做出远比电视节目还要严肃重要的决策。

举个例子，MHS 是一家软件公司，如果有人在美国被判入狱，要申请假释，很有可能那家公司的数据分析软件就会被用来判定你是否能获得假释。它也是采用亚马逊和 Netflix 公司相同的原则，但并不是要决定某个电视节目收视率的好坏，而是用来决定一个人将来的行为是好是坏。一个 22 分钟的普通电视节目可以很糟糕，但要坐很多年的牢更糟糕。

但不幸的是，实际上已经有证据显示，这项数据分析尽管可以依靠庞大的数据资料， 它并不总能得出最优的结果。 但并不只有像 MHS 这样的软件公司不确定到底怎么分析数据，就连最顶尖的数据公司也会出错。 是的，甚至谷歌有时也会出错。2009 年，谷歌宣布他们可以用数据分析来预测流行性感冒何时爆发，就是那种讨人厌的流感， 他们用自己的搜寻引擎来做数据分析。结果证明它准确无比。引得各路新闻报道铺天盖地,甚至还达到了一个科学界的顶峰: 在《自然》期刊上发表了文章。之后的每一年，它都预测得准确无误，直到有一年，它失败了。

没有人知道到底是什么原因,那一年它就是不准了。所以，即使是最顶尖的数据分析公司，亚马逊和谷歌，他们有时也会出错。但尽管出现了这些失败，数据仍然在马不停蹄地渗透进我们实际生活中的决策——进入工作场所、 执法过程、 医药领域。所以，我们应该确保数据是能够帮助我们解决问题的。

无论数据和数据分析多么强大，它都只能帮助你拆分问题和了解细节，它不适用于把细节重新整合在一起来得出一个结论。有一个工具可以实现第二步，我们每个人都有，那就是大脑。如果要说大脑很擅长某一件事，那就是它很会把琐碎的细节重新整合在一起，即使你拥有的信息并不完整，也能得到一个好的结论。

而这也是 Netflix 会这么成功的原因。因为他们在分析过程中同时使用了数据和大脑。他们利用数据，首先去了解观众的若干细节，没有这些数据，他们不可能进行这么透彻的分析，但之后要做出重新整合，制作像《纸牌屋》这样节目的决策就无法依赖数据了。是 Ted Sarandos 和他的团队（通过思考）做出了批准该节目的这个决策，这也就意味着，他们在做出决策的当下，也正在承担很大的个人风险。而另一方面，亚马逊把事情搞砸了。他们全程依赖数据来制定决策，首先，举办了关于节目创意的竞赛，然后他们决定选择制作《阿尔法屋》。当然，对他们而言，这是一个非常安全的决策，因为他们总是可以指着数据说，“这是数据告诉我们的”。但数据并没有带给他们满意的结果。

当然，数据依然是做决策时的一个强大的工具，但我相信，当数据开始主导决策时，并不能保证万无一失。不管它有多么的强大，数据都仅仅是一个工具。用数据分析来得到更好的决策。但这无法改变基本的设定。但我相信，如果我们想达成某些像曲线最右端那样出色的成就，最后的决定权还是应该落在我们身上。[①]

① 如何用大数据做出爆红的电视节目？[EB/OL].（2017-12-10）[2018-10-25].http://www.sohu.com/a/209635158_99904318.

十二、结语

大数据时代的电视产业如何发展，这是一个很新也很大的问题。

首先，建立大数据的“非结构化数据”采集入口，这是后面进行数据分析、挖掘应用的前提条件，这是电视业能够自主把控的关键环节。其中，将摄像头安装于智能电视、机顶盒上无疑是最直观的采集入口，能够直接获取用户的行为、情绪。当前各大互联网巨头，比如百度、谷歌等，正以摄像头为核心积极研发人工智能学习体系。

然而摄像头在实际应用中也存在诸多问题，比如涉嫌侵犯隐私等。那么针对这一问题如何解决呢？从法律的层面分析较适宜采取少数样本。在非结构化数据采集器中智能手机扮演着弥足重要的角色，比如“摇一摇红包”风暴充分诠释了智能手机在其中的应用。

但电视台需要有与移动互联网企业共享数据的新媒体运营意识，并将这种意识转化为标准的数据共享接口，而非仅仅停留在为节目增加一个全程互动环节。①

在互联网电视的发展中大数据扮演着弥足重要的角色，其作用主要体现在掌握、搜集大量信息，同时具有准确甄别专业处理各类数据的作用。大数据在各大产业的发展中均扮演着十分重要的角色，具有“未来新石油”的美称。尤其是作为典型信息产业的广电产业的发展更是离不开大数据。大数据贯穿于电视产业发展的各个环节，这其中包括调查收

① 数据观．大数据时代下电视行业的前景 [EB/OL].（2016−03−04）[2018−09−25]. http://www.cbdio.com/BigData/2016-03/04/content_4676353.htm.

视、策划节目以及栏目选题、广告营销等各个层面。大数据最大的作用即体现在具有强大的预测功能，其预测作用对于分析市场行为、做大文化产业均具有重要意义。[①] 以大数据取代小样本，以全数据取代随机样本，以精确性决策取代混杂性数据，这些都是互联网电视在未来的发展中所需要重点解决的问题。

大数据的优势还体现在其搜集信息的整个过程不会对用户产生任何影响，甚至可实现在用户完全不知情的情况下搜集信息，确保所收集到的信息的真实性。除此之外，还可有针对性地连接广告商品、电视节目，提高节目的商业价值。此外，以个人用户为大数据的测度对象，能够进一步提高其测度的准确性。从互联网电视发展的层面分析大数据的作用主要体现在：其一，有助于提高策划制作电视节目的效率；其二，可持续实时的预测受众关注情况；其三，监测并发现节目在传播过程中是否存在问题，以期进一步优化节目质量；其四，提高营销的精准性，以实现最大化电视产业利益；其五是能够及时了解受众的需求，并有针对性地为其提供关联推荐。值得一提的是，大数据并非尽善尽美，其中也存在部分负面价值，比如极易侵犯他人的隐私，有待进一步提高判断的准确性等。项目过于依赖大数据，那么极有可能失去艺术性、创意性。

---

① 艾伦·沃克在《互联网时代的电视产业》一书中提及了“数据的持续支配地位”，他认为“我们可以肯定的是，在电视行业未来发展的十年中，数据将是决策背后的一切从编程选择到广告服务的驱动力”。[参见 WOLK A. Over The Top: How the Internet is (Slowly but Surely) Changing the Television Industry[M]. North Charleston: Create Space Independent Publishing Platform, 2015.]

互联网对电视除了是传统认为的消费影像之外，其更加强调生产数据以及基于大数据再生产电视。充分发挥大数据的作用能够预测行业发展趋势，并科学地制定出更符合要求的产品，同时对现有电视产品进行校准，精准匹配广告商与电视产品。这充分说明了大数据在互联网电视领域具有强大的发展空间。

第三章　多屏联动与电视无处不在

数据变大的同时，人们收看电视的屏幕也在增多。《新闻联播》是国内首档大型电视新闻节目，在 1978 年该节目以“感谢您收看，这次新闻联播节目播送完毕”作为结语；40 年后，《新闻联播》的结束语在上述基础上添加“请关注央视新闻的客户端、微信、微博”。这充分说明电视传媒生态发展的新特点。

多屏互动是指将手机端、PC 端、TV 端等不同产品通过专门的设备，实现彼此间的连接转换。从 2007 年开始，人们开始高度关注多屏联动，当前人类已经进入多屏联动时代。正如凯文·凯利所说，屏幕变革了人类的生活，人们逐渐发展成为屏幕人。当然，这个屏幕也许是移动的、流动的。人与屏幕共同组成了健全的生态系统。而 iWatch、谷歌眼镜等进一步丰富了该产品。

当下多屏已经成为一种主流形式，受众的生活方式、视听习惯也悄然发生变化。首先从时间的维度上说，受众可全天候接触媒介，而不再

仅局限于传统的只在晚间观看节目，有效地利用了大量碎片化的时间；从空间维度方面分析，无论是室内还是室外，只要有网络就可以使用移动电子设备接触媒介，进一步提高了自主性。

在移动互联网时代，越来越多的人同时具备多部移动电子设备。比如利用电脑玩游戏，利用平板看视频，利用手机看资讯等，各类电子设备给广大用户带来各种丰富的体验。消费者在各类屏幕间自由转换，随处可见多屏共存的情况。在数字化背景下，多任务操作已经成为一件司空见惯的事。对于广大受众而言，多屏幕分散了注意力，缩短受众观看电视节目的时间，当然，总体上也增加了消费者用于观看屏幕的时间。电视机在移动互联网以及众多屏幕的影响下，积极思考智能化发展的思路。在此背景下，人们不再仅使用电视观看节目，而是赋予其多屏信息化特点。① 因此，本章将讨论多屏联动的现状及未来如何？人们为什么要走向多屏联动？它与大数据、云计算及电视智能化的关系怎样？多屏联动及其所带来的电视无处不在，将如何改变电视的技术、生产和未来？

一、逐渐联结起来的屏幕

在家中，使用大尺寸的平板电视通过有线电视点播热门电影。出门后，在出租车上，使用带4G功能的平板电脑访问电视APP续看这部电影，还自带记忆功能不用从头开始。咖啡厅内，客户到来前，连上 Wi-Fi 使

① 张纾舒．多屏传播：电视媒体的挑战还是机遇 [J]. 青年记者，2015（11）.

用笔记本电脑访问电视官网，把电影末尾看完，觉得不错，将这部电影通过社交媒体发送给好友，并附上自己的评论。回家途中，使用 4G 手机调出 APP，就这部电影和朋友，甚至和网友神聊一番。

智能手机、平板电脑和笔记本电脑的普及以及其他各种联网电视设备的涌现，正在改变我们收看电视的方式。只要向内容提供方购买服务，不管用的是手机、iPad 还是笔记本电脑、台式机、电视机，都能够在同一的界面下的任何时间、任何地点收看电视视频。这就是电视无处不在。

传统获得视频内容的手段无非就是通过广播或者有线电视，而现在，移动设备对于内容的访问和即时的满足感都在帮助我们塑造新的电视体验，我们收看电视和视频的方法早就已经依赖于那些数字平台和移动操作系统。对于媒体拥有者来说，创造一个新的内容模式，这将会影响到货币化策略，而如今，电视内容早就通过移动设备存在于我们的口袋中了。

对于现代人而言电视不再是静止的，而是移动的。未来移动设备将成为人类的首选。传统的有线电视用户在未来的发展中也会发现生活无处不存在电视。但是通过几英寸的屏幕观看电视并不一定是所有人的首选，所以传统的有线电视用户也完全无须太过紧张，两者具有共存性。

作为社会化的个人体验——电视符合广大消费者的需要。在此背景下视频节目、电视应积极开发受众所需要的平台。这如同今天的受众会因为喜欢同样的电视作品而成为一个社交团体。未来可通过移动设备展示所有电视、电影。一旦实现这一点必然是一场颠覆性的革命。

从消费者的层面分析，互联网电视、机顶盒、智能手机所取得的最大突破则体现在观看电视的体验方面。然而在研究现代电视连接体验时就必须思考一个问题，即如何在第二屏幕上实现同步体验电视。

TECHnalysis 调研了 3000 多名来自德、英、美、中等国家的消费者，调查显示，75% ~ 80% 的被调查者指出自己在看电视的同时往往会使用手机、平板电脑、笔记本电脑等设备。这充分说明消费者具有一心多用的需求，既然如此那么何不试着同时使用两者呢?

事实上人们对于同时连接两种设备的需求较想象中强得多了。比如使用电视时会同步使用第二屏幕做些什么工作呢？调查显示人们在看电视时往往利用电脑进行如下工作：其一是浏览网页；其二是查看私人邮件；其三是网上购物；其四是浏览或者播放与电视节目有关的内容；其五是阅读新闻。就使用平板电脑来看，主要集中于浏览网页或者与电视节目有关的内容以及阅读行为、查看私人邮件等。数据显示，25 ~ 34 岁的人群在看电视时往往会同时通过平板电脑浏览与电视节目有关的内容。

电视与智能手机两者的关联性。很多人都有边看电视边发短信的习惯。有 36% 的被调查者表示自己会同时利用网络查看社交媒体、浏览相关信息等。研究还发现各个年龄层次的人都将以短信的形式与他人探讨电视节目作为看电视时同时会使用手机进行的一件事，但是仅排在上述各种活动中的第六位。而年龄在 45 ~ 54 岁的人往往将这一项排在第二位。

上述调查中已经有40%的被调查者通过各种方式连接大屏幕与小屏幕。试想一下如果有成型的机制可同时使用两块屏幕，那么用户在看电视时必然会花更多的时间用于其他事情。

但是，直到当前仍未有标准方法可实现同步将人们在电视上看到的内容传输至其他设备。理论上现有的视频分析技术识别人类观看电视节目的方法非常简单，仅需要利用音频即可，但是实际却是只有具备可与电视节目时间独立的轴才可实现此点，同时还应具备其他常见的电视功能，比如网络流媒体、录像等。事实上，在此之前就已经存在此种技术了，通过网络搜索发现早在10年前就已经有人尝试此方面的技术了，然而直到今天主流仍未能接受此种技术。

在云计算及大数据背景下，人类将继续努力探索该技术 。假设现有技术已经能够准确地辨别人类正在观看的电视节目，但是仍需要解决如何连接网络与电视内容的问题。就操作层面者分析，引导人们登录某一特定的活动是其中最为合理的措施，同时利用网站为广大用户提供各种链接，方便使用者得以从网站上获取与电视有关的活动。比如购买剧中男女主角的包包、饰品等。此外，通过其他智能化设置，完全有可能实现定制化网站内容。换言之，即使受众看着的电视节目是一样的，但是其探索网页的链接并非一定一样。[①]

---

① Tech opinions. 一心两用看电视：人们在第二块屏幕上都做些啥？[EB/OL].（2016-12-11）[2018-09-25]. http://tech2ipo.com/10021565.

二、为什么要多屏？

尼尔森公司调查显示，美国智能手机用户（86%）及平板电脑用户（89%）普遍表示自己在一个月内出现同时使用手机、电脑观看电视的情况。其中每天都同时使用平板电脑、电视的用户达45%以上。只有12%的用户不会同时使用两种设备。那么，这么多用户迷恋第二屏幕甚至多屏的原因是什么呢？

首先，多屏化需求。多屏互动时代消费者不再高度依赖于单一的媒体，而是更加倾向于主动选择屏幕以及内容信息。调查显示，消费者更加倾向于使用电视机观看体育节目，然后才是电脑。而往往利用电脑观看综艺节目、新闻、动漫、电影等；特别是在观看动漫以及电影方面，消费者更加倾向于使用电脑，其观看比例远高于电视机。

其次，社交化需求。互联网环境颠覆了传统电视线性观看方式，在此背景下消费者更加倾向于自主的选择希望观看的节目以及观看方式、时间等。此外，用户更加喜欢利用各类社交媒体发表评论或者观看他人的评价与他人进行互动交流。消费者媒介消费已经呈现出主动参与、互动的特点。消费者与媒介的沟通方式则主要体现在评论、关联、互动以及链接、关注等各个层面。消费者更加青睐于具有体验式、个性化、好用、好看的节目内容。用户除了接收信息，还充分扮演着信息传递者的角色，传递跨屏幕的信息。

最后，个性化需求。搜索行为是互联网环境中人们培养的信息需求习惯，这种行为在多屏使用中也产生了第二屏效应。有机构针对第二屏效应的用户使用调查时，47% 的用户表示自己会一边看节目一边利用设备进行其他活动。比如了解节目中的男女主演信息、人物照片、八卦新闻行者以及与电视剧、节目有关的信息；此外还有一些用户会选择购买商品。客厅不仅仅以电视为主，而逐渐成为平板电脑、智能手机的根基地。这极大地满足了现代年轻人对于电视的喜爱。第二屏幕弥补了电视移动、交互和参与性不足的缺陷，借助多屏互动可以很大程度上满足受众的个性需求，借以提高用户对电视的黏性。

三、多屏联动的表现方式

首先，收视终端的多元化。人们在观看电视的时候已经越来越自由地在不同屏幕之间进行转换，大家还在尝试在不同的运营网络之间进行无缝链接。在许多国家，收看电视的传统方式是一家人坐在客厅中，边看电视边聊天。客厅是一家人的活动中心，而电视机则是家庭时光的焦点。毋庸置疑，当前很多国家家庭中仍会在起居室中摆放电视机。比如英国仍有同一时间聚集家人一起看电视的传统。但随着收视终端的增加，当然人们已经不再那么集中注意力了。特别是针对那些同时具备平板电脑的家庭而言，尽管家庭成员仍然围坐在起居室中的电视机前，但 22% 的家庭成员会通过平板电脑观看自己喜爱的节目。未来传统的家庭收视方式也面临瓦解，因为随着收视终端的多元化和网络电视的发展，家庭成员也随之不再围坐在电视机前，转而使用各自的终端收看自己喜欢的节目。

有调查表明，86% 的观众经常在电视机上收看直播节目，27% 的观众会在电脑上观看流媒体视频或下载视频，16% 的观众在电视机上观看互联网流媒体视频，16% 的观众在电视机上观看录像机或其他设备上录制的节目，11% 的人在移动终端上观看节目。可以看出，传统电视与互联网、移动通信、社交软件等正在实现深度融合，由此提高了观看节目的便捷性，也提升了观众 / 用户的满意度和忠诚度。①

其次，网络视频的迅速崛起让收视的渠道更为多元。网络视频使观众可以将笔记本电脑和平板电脑视为“电视屏幕”。网络视频也许比任何其他的新技术带给我们的都多，它打破了我们长期认为电视内容要在电视机上看的“共识”。过去的 40 年时间里，电视的内容生产和传播充斥着特权和傲慢，人们急切地希望在互联网的世界里做出一些革命和颠覆。网络视频捕捉到这种被压抑的体验不同类型电视的需求，并且在短短几年时间里就给了我们一个全新的电视世界。事实上，现阶段网络视频无论是原创性的节目内容还是总体的用户数都远远不及传统电视。但毫无疑问，网络视频正在持续而且不可逆转地改变了“电视”收视的整个生态。②

最后，多屏联动的实现在于电视无处不在（TV Everywhere，

① 李宇．传统电视与新兴媒体：博弈与融合 [M]. 北京：中国广播影视出版社，2015：3–4.

② 阿曼达·洛茨．电视即将被革命 [M]. 陶冶，译．北京：中国广播影视出版社，2015：64.

TVE）。通过该模式用户可利用已申请的用户名、密码进行登录，从而随时利用智能手机移动终端观看视听内容。该模式充分体现了电视商业模式基于融合时代的创新与发展。电视无处不在是一种聚合策略，即聚合平板电脑、智能手机的第二屏终端的优势来提升传统电视的地位，也是电视播出机构和渠道运营机构增加服务内容、提升服务质量的重要举措。

电视无处不在业务也印证了保罗·利文森的结论。他认为媒介革命先后经历了三个阶段。直到最后一个阶段人们才充分意识到人类可在各个时间段、地方获取诸如词语、图像、声音等一切信息。电视无处不在的关键要素是多屏技术。多屏技术可实现在平板电脑、手机、电视机同步播放视频节目，而不再受制于时空距离对电视播放的影响。总体上说，可将其等同于基于无线网络利用各种操作系统、移动智能终端实现相互协同兼容，传输并播出电视节目。①

四、相关产品

1. 电视台伴侣 APP

因为第二屏幕的迅速发展，电视台结合用户对社交以及信息等各方面的要求自主开发伴侣 APP 并以此种方式提高用户对平台的黏性。比

① 李宇．传统电视与新兴媒体：博弈与融合 [M]. 北京：中国广播影视出版社，2015：23.

如 USA Anywhere、Fox Now 等均属于此类平台。电视观众可通过第二屏幕应用获取诸多节目内容、信息。第二屏幕上的用户在观看《唐顿庄园》时能够看到关于主角的信息或者其他用户与之相关的讨论。在电视直播奥斯卡颁奖典礼的同时可通过应用程序等方法获得明星在现场的相关信息，比如明星被采访、红毯照片等相关信息。对于用户而言，通过第二屏幕能够获得的信息要比电视上获取的内容更加立体、丰富。这些均有助于提高用户对节目的兴趣。

电视台结合各种渠道全力挖掘第二屏幕功能。2013 年央视发布了央视悦动，这是国内首款电视互动应用。该应用不仅包含众多媒体资源，同时连接了各屏幕终端，对于用户而言这无疑是最佳直播伴侣，是用户观看电视的最佳选择。它能够满足用户进行答题、竞猜、投票等各种活动需求。除此之外还具有特殊的听音识台的功能，用户只需用移动终端对准电视屏幕，只要几分钟后就可让用户的终端设备实现自动识别电视节目，并扩展阅读。通过这样的方式能够让用户更加便捷地获取信息，提高收视的趣味性。

Fox Now 是由 Fox 推出的一款 APP 应用。通过该 APP，应用用户不仅可观看频道旗下的众多电视节目、电视剧集以及相关信息，同时还可结合需求获取丰富的互动功能。比如用户可通过 APP 购买《杰西驾到》中角色所使用的项链、物品、日用品等。

2. 电视节目衍生 APP

《一站到底》作为一款颇受欢迎的江苏卫视综艺节目，该节目就综合了“综艺节目与衍生 APP”。《一站到底 PK 版》是一款手游 APP，该节目是在节目方授权下形成的能够真实地展示节目现场的 APP。玩家可通过该 APP 获得在线 PK 的机会，体会在线感觉。对于普通玩家而言，玩游戏就是挑战以往“战神”的平台，是一种参与《一站到底》的途径。智能手机用户因为游戏与电视节目的结合而关注电视节目，同时进一步扩大口碑、文化、互动营销，全面提高营销效果。总之从多屏互动的发展来看，“节目与衍生 APP”的结合将成为最为重要的创新模式。

2013 年年初，湖南卫视推出“呼啦”。作为首款移动社交应用，上线 5 天用户通过手机与电视双屏互动频次超过 500 万次。“呼啦”通过手机进行双屏互动频次超过 500 万次。“呼啦”让电视与手机用户得以更深层次地交流与沟通，围绕电视形成了互动空间。对于广大用户而言，“呼啦 ”是实现电视沟通、社交需求的一个载体，具有丰富虚拟场景的作用，同时用户可在游戏中扮演各种角色。上述方式均有助于培养用户的情感及行为忠诚度。“呼啦”让移动小屏幕带动电视屏幕。

值得一提的是，电视节目衍生 APP 并非单纯地基于手机社交应用，而是以节目内容为核心为用户提供互动服务，在扩大社交网站功能的同时为用户提供多屏、跨屏收看、互动的互动体验。移动社交软件天然具有深度整合平台内容的作用，实现电视与手机的互动，其本质在于重新将用户引回电视屏幕，并让电视具有“玩”的趣味性，增加电视与观众的黏合度。

3. 多平台跨屏联动

2015年春晚推出网络直播，爱奇艺、微博与中央电视台多平台跨屏联动将电视直播与用户评论无缝连接，爱奇艺春晚网络直播中以弹幕的方式呈现广大用户关于春晚节目的评论。当晚用户的弹幕总数破亿，满屏各种颜色的文字、话语表达方式成为春晚最具特色的消费方式。

当年央视与春晚微信形成了深度、成功的合作，并第一次实现"微视"跨屏互动，创造了前所未有的媒介文化奇观，即"赏春晚、玩微信、抢红包"。"微视"跨屏互动不仅在于对电视收视的改变，其通过对节目内容和广告的深度介入，未来将改变电视节目制作、收视和产业的整体环境。"微视"跨屏互动将抢红包与植入式广告紧密结合，实现了观众争抢广告的狂欢景象。多平台跨屏联动制造新的电视生产传播商业模式的成功首先归功于移动互联网强大的支付功能，移动支付让第一屏内容呈现和第二屏商品付费成为现实。其次把消费者变成受惠对象，转变传统的旧有逻辑出售广告时段，由广告主承担可显示企业信息的红包费用。通过这样的方式让用户从中获得好处，为广告主精准投放广告奠定基础。最后是转移用户结构，移动用户剧增，有线电视用户骤减，广告接收场也发生了变化，即中间形成以移动新媒体取代传统的电视流。在媒介融合的语境下，不是第二屏如何助力第一屏的消费，而是第二屏倒逼第一屏的运行。[①]

---

① 谢婉若，石磊. 传统电视的一云多屏融合传播——以2015央视"春晚转型为例"[J]. 中国电视，2015（7）.

4.T2O 模式

T2O 模式即“TV to Online”电子商务模式。该模式是指电子商务与电视媒体实现跨界合作，线上销售产品的电子商务模式。这是互联网时代电子终端创新“融媒体”的方式。该模式能够全方位满足消费者“边看边买”的消费需求及“商品就是内容”的广告模式。通过此种模式满足广大用户在观看电视节目的同时通过平板电脑、智能手机等移动终端扫描二维码出现节目中的产品信息并下单购买。此种商业模式的本质是有机融合产业实体、电商平台以及传统的媒体，并使之形成完整的商业价值链条。品牌广告主、电商平台、电视节目等均为该模式的合作方。另外，部分案例中的合作方还包括 APP、视频网站等。

2012 年由陈晓卿执导的一部美食类纪录片《舌尖上的中国》在中央电视台综合频道热播，主要以具体的人物故事讲述国人热爱美食、热爱生活，串联各地的美食生态，将美食拍出了东方生活价值观。该片子品质精良，得到广大受众的喜爱，一时间引导广大受众关注地方特色美食。美食经节目播出后就会引发网友通过购买平台搜索购买。该现象也引起了剧组的高度关注，他们思考如何将观众的这种热情转化为电视屏幕外的盈利。所以节目组在筹备《舌尖上的中国 2》时就与天猫商城达成了合作意向，在天猫首页设“舌尖直通车”并获得分账收入，即形成电视屏幕与线下合作，已经让电视业内看到了一种“焦点事件 + 电子商务”的创收形式，这种方式也被称为 F2O（即 Focus to Online）模式。在此阶段，电视媒体和电子商务相结合的方式所蕴藏的商业价值初步显现。

2014 年，东方卫视倾情打造并推出《女神的新衣》，该节目首次整合了商业、时尚与电视。大牌设计师与众位参与节目的“女神”共同完成新衣。天猫商城线上实时销售节目现场被买家竞拍买走的“新衣”，由天猫独家提供体验、发售渠道，其中网络视频版权方面只有优酷获得独家播放平台的资格。节目采取垂直的方式与《明星衣橱》形成合作关系，打通移动终端、电商、电视引导观众向消费者转化，实现“即看即买”。

2015 年年初，东方卫视、江苏卫视两大平台同步首播《何以笙箫默》，开创了国内频道电视剧 T2O 模式的先河。广大观众在观看该电视剧时，如果看中了剧中出现的商品，即可通过扫描天猫客户端电视台台标，进入平台为受众提供的“边看边买”的页面选择商品。该方式最大化了明星效应。数据显示，该剧“边看边买”页面上线的第一天就有 300 多人参与体验。相较于活动前，女装商家的页面流量增加了 10 倍以上。该页面为网民提供诸如家装用品、床品、饰品等 14 个品类的产品。[①]

电商平台、电视媒体重新重视 T2O 模式的主要原因是该模式是符合两大主体的需要，具有扬长避短的作用。近年来互联网的发展极大地冲击着电视台，行业面临着开机率、广告收入、广告份额下滑等情况。在此背景下，依托 T2O 模式有助于电视台强调经济效益。传统地认为电视台同杂志、报纸、互联网均属于广告主的宣传渠道。电视台在引入该模式后即可实现自主广告内容，同时也一定程度改变了广告主的角色位置，使其逐渐处于主动地位获得强势优势，并实现商业价值。毋庸置

① 孙林林 . 电视与电商的“T2O”跨界 [J]. 收视中国，2016（12）.

疑，这对于电视台的发展至关重要。未来电视台需要获取优质的节目资源，即意味着有能力构建电商平台。T2O 模式下，两端均衡可实现自身垄断，这些有助于电视台进军电商领域。

从广告主的层面分析，T2O 打通了广告与销售环节，可直接形成经济效益，同时可充分发挥电视节目所带来的辐射效应和影响力引导消费者关注产品。比如《女神的新衣》即通过该模式颠覆了传统的电商营销与互联网互动及制作电视内容、营销模式，彻底打通了推广、生产、设计、销售等关键环节。整个链条的所有参与者都可通过该模式实现共赢。从某种层面来说相较于《爸爸去哪儿》《舌尖上的中国 2》，《超级代言人》（旅游卫视）及《女神的新衣》（东方卫视）更具颠覆性，实现了内容即“产品”“商品”“利益”。[①]

五、第二屏幕的发展及影响

“伴侣设备”，即第二屏幕。此类电子设备能够满足用户在观看电视的同时与节目内容进行互动。通过便捷设备也可同步显示电视上的音乐、节目、视频游戏、电影等资料。

表面上看，相较于传统电视，可将第二屏幕理解为融合了互联网技术、数字技术、通信技术，不断变革媒介技术而形成的产物。实际上早

① 电视台发力 T2O 模式“电视 + 电商”成为新商机？[EB/OL].（2015-01-25）[2018-09-25]. http://news.mydrivers.com/1/371/371633.htm.

在这之前人们就已经有了类似第二屏幕的收视习惯，比如很多人都有边看电视边吃东西、聊天的习惯。这在心理学上被称为多任务行为（Multitasking），即同时性的任务处理。而同时性的媒体使用则是多任务行为下的一种特殊形态。今天，越来越多的人愿意在看电视的同时将多种媒体搭配使用，享受多元化媒介环境下丰富的视听感受。

研究发现，人们在同时使用两种或两种以上媒介时，会依据注意力的差异形成主媒体和副媒体。而主副媒体间的差异也并非绝对，进行同时性媒介使用时，观众往往会带有一种“逃避”或是“补偿”心理。比如为了逃避电视的广告时间而去上网；或是为了补偿自己工作的辛苦，在用电脑工作的同时打开电视；而当电视有吸引人的内容时，电视与上网的主副媒体的性质又会对调。也就是说，主副媒体的差异是以受众注意力的连续转换而不断变动的过程。在此过程中，媒体因为第二屏幕而找到新的定位。受众也享受到了单一媒介无法实现的愉悦体验，电视与第二屏幕之间起到了良好的互补作用。

英国商业电视台营销机构 Thinkbox 公司曾发起的一项名为“屏幕生活（The Screen Life）”的研究显示，有 64% 的多屏幕使用者看电视时间多于 15 分钟。对于传统电视来说，第二屏幕的出现或许更是一个机遇，传统电视行业需要考虑的是如何借机打破媒介间的隔阂，更好地借助第二屏幕，通过多介质平台的相互关联与融合，创造更加多样化的传播模式，以适应受众新的媒体消费习惯。

1. 第二屏幕影响下传统电视的发展策略

（1）整合内容资源，满足个性化需求。尽管今天的信息传播方式呈现多元化的趋势，但是对于电视产业来说，电视节目内容依然是其发展的基石。第二屏幕的兴起，一个无法回避的原因就是电视节目的内容质量不高，无法形成对观众强烈、持久的吸引。在一项针对英国、法国和西班牙等国的电视观众的调查中发现，18 ~ 24 岁的观众在观看电视节目的过程中约有 42% 的用户可能会选择同步使用平板电脑、手机观看与节目有关的内容；44% 的用户则表示会利用移动设备查找相关广告、品牌等。由此可见，观众对多屏内容的需求是非常显著的，电视台可以发挥自身的内容优势，借助与节目播出同步的第二屏幕内容吸引更多观众。

比如在奥斯卡颁奖时，ABC 和迪士尼公司合作，特别推出针对第二屏幕的应用“后台通行证（Backstage Pass）”，为观众提供红毯花絮等远多于电视实际呈现的内容。而这一切也对电视内容的生产方式、制作机制、传播手段等提出了新的要求。媒体的内容生产需要重视受众的内容需求和使用习惯，结合不同媒体传播渠道的特点进行个性化、专业化的内容资源开发，并以全媒体传播平台为目标，构建出包含多类型、适合多平台的内容数据库以及便于分享及搜索的立体化、无缝化的内容传播体系。

（2）依托数据挖掘，形成良性互动。在整合电视内容产业时，电视内容的生产始终要以观众的需求为根本出发点。在各项信息技术飞速发展的今天，人类已经迎来了大数据时代。在此背景下，广大受众对于内容产品的消费偏好、行为模式以及潜在需求等隐性信息都可以通过收集和整理相关数据进行识别和预测。第二屏幕的社交特性激发了观众的收视热情，为传统电视提供了更为丰富、直接的数据信息。美国尼尔森公司在2015年的一项调查中发现，有47%的观众会在观看电视时使用第二屏幕参与媒体社交。观众通过第二屏幕分享电视节目的观感，以此创造共享的经验、乐趣和归属感，从而形成以电视内容为核心的社交话题。

传统电视应当充分利用第二屏幕的优势，通过对话题信息的深入挖掘，了解观众的关注兴趣及收视需求。一方面，通过在第二屏幕设定热点话题，为节目推波助澜。另一方面，结合受众反馈，调整节目方向，增强节目的吸引力，提高观众黏性。湖南卫视的《我是歌手》通过在社交网络对热点话题及人物进行造势，扩大了节目的影响力，吸引了许多尚未观看节目的观众收看节目。在节目播出的过程中，依托数据分析，研究观众的兴趣点和需求，通过增设复活赛等环节增强节目精彩程度，提升了观众的收视热情，同时又为第二屏幕提供了更为丰富的社交话题，使节目的效果倍增，从而形成良性互动。

（3）提升交互体验，创造愉悦感受。由于第二屏幕对技术有较强的依赖性，用户间是否可进行合理的交互；控制是否简单易用等均不同程度地决定着用户的体验。早期主要以打电话、发短信等电视形式互动，虽然互动效果一般，但操作简单，男女老少皆可参与。

今天，借助第二屏幕的优势，国内外很多电视台、电视运营机构以及互联网公司都推出了基于智能移动设备的交互应用。比如英国电视四台为了提升观众的同步电视体验推出了第二屏幕应用程序，注册用户可基于应用程序而获取节目信息，并进行实时答题、投票，充分开展社交媒体活动。这些应用的初衷是好的，但实际操作起来体验不佳。想要分享某个节目，需要在庞杂的节目信息列表中查找，费时费力；使用声音或者手势识别交互信息，识别效率低；操作太复杂等。这也导致很多曾经引起热议的应用，比如IntoNow、GetGlue等最终惨遭放弃。

提升交互体验，应强调“用户为中心”的思考模式与设计方法，按照观众的认知与行为方式进行设计，用以降低观众的学习成本，激发观众参与的主动性，使信息的获取过程更加愉悦化、高效化和简单化。比如2015年的中央电视台春晚，通过微信“摇一摇”引发全民的互动狂欢就是一个非常成功的尝试。数据显示，2015年春晚微信“摇一摇”互动总次数超过110亿次。观众通过摇动手机这个简单、高效的行为，找回了过年的热闹和喜悦。

在互动内容上，电视与第二屏幕的良性互动也需要精心设计，避免观众在关键情节出现时因互动而影响正常的观看体验。AMC电视台在为电视剧《行尸走肉》设计的第二屏幕程序“故事同步”（Story Sync）就积极把关电视与第二屏幕互动的合理性。比如在应用内容的设计上至少观看五遍，并从中选择最适宜的话题在适当的时机提出，避免打断剧中含有重要信息的对话。[①]

---

① 高嘉蔚．传统电视与“第二屏”[J]．青年记者，2015（10）．

2. 第二屏幕对电视产业链的影响

（1）电视台和广告商。传统电视一般是通过优质的内容获得广告机会，从而创造收入。第二屏幕的发展对电视台的收入产生了较大的影响。对于广告商们而言，第二屏幕将是他们首选提高广告价值的对象。

（2）制片公司。几十年来，制作公司未曾改变过制作电视节目的方式。编剧、执行制作人、创作人往往以获取最佳的电视屏幕效果作为创作电视节目所需要重点考虑的问题，同时所有节目中穿插广告的模式都不外乎在节目的开头、中间以及结尾等环节进行插播。然而在第二屏幕快速发展的今天，电视不再一家独大，而是与第二屏幕平分秋色。在此背景下，电视节目应积极思考变革制作方式。

（3）运营商。从运营模式分析，整个电视产业链表现出如下特点：电视台是制作公司的主要收入来源；电视台向运营商分成获取收入；而运营商的收视费则由电视观众提供。预计未来很长时间里仍将保持着这样的运营模式。未来有可能引入诸如 HBO Go 的直接面向观众的商业模式，为用户提供便捷的观看电视节目的机会。一旦形成此种模式，必然会影响到运营商的利益，届时运营商需要重新寻找收入来源。

（4）电视厂商。第二代屏幕的发展对于传统的电视厂商，如 LG、索尼、三星等企业必须出陈推新才能保持竞争优势。在此背景下，部分创新公司已经将自动内容识别技术置入电视中了，提高智能化水平。预计智能电视未来将会运用到更多无缝通信技术，用户的手机会显示用户是否打开家里的电视以及正在播放的节目。

六、观众成用户

1. 用户是谁

众所周知，传统的电视节目往往通过时段锁定目标受众，在此基础上分析目标受众的收视喜好情况。媒体结合物理、时空等层面分析目标受众收看的可能性，并有针对性地设计相关内容。但是时间、地点等因素都有可能影响到观众的收视行为，媒体的选择又决定着用户的接收内容。

进入互联网时代后用户不再受制于播出平台、时段的限制，可实现移动、跨屏、碎片化的收视。理论上用户可在所有地点、时间，利用各种屏幕实时自由地收看内容。换言之，即互联网时代不再存在线性的视听传播，不再受制于时空，而是形成全天候的无时不在、无处不在的生态圈，并形成了单屏信息消费到多屏信息消费，从单一不断走向整合。

2. 用户与观众的区别

众所周知，大众传播时代并未赋予个体明确的形象，而是抽象的形象；直至进入互联网时代后，观众才被赋予成为具体的人。这意味着不再是以抽象的物进行传播，而是传播具体的需求，并基于兴趣爱好、价值观形成群落、圈子。换言之即电视时代，观众是被动的观看节目，是模糊的、抽象的，而进入多屏时代后，进一步细化用户，同时用户是主动的、清晰的，整个生产及传播节目的环节强调用户的全情参与、使用产品情况等。互联网思维形成了以用户为中心的电视生产，其核心在于锁定目标受众，电视生产应充分考虑受众的需要、情感共鸣等要素，应以用户体验作为首要思考的问题。

比如《女神的新衣》就明确了以时尚的年轻女性作为目标观众群。这一群体普遍具有追求时尚、热爱购物、喜欢谈论明星八卦等特点。事实上在此之前就已经有很多通过精准定位而获得成功的电视节目。比如在受网友普遍喜爱《舌尖上的中国》的基础上，中央电视台又与天猫独家合作了《舌尖上的中国 2》并获得好评。再比如《爸爸去哪儿》《来自星星的你》等节目都引发了此种热潮。用户在欣赏剧中宝宝、主人公的精彩演出的同时积极搜索同款服装。数据显示，用户在观看电视的同时普遍会玩手机，而这一群体的占比达到 64% 以上，同时进行上网的用户的占比更大。

制作方在确定《女神的新衣》用户后，就通过各种形式引导年轻女性，即目标群体参与电商、电视及移动互联网，通过“即看即购”引导用户通过“时尚粉丝社区”“明星衣橱”抢占时尚高点。分析该剧前三期的播出情况可知，前 20 分钟，天猫与百度的搜索指标在“明星展示新衣秀场”的第一个环节就出现同步上升的情况；据相关数据显示，旗舰店访客 UV 及成交额分别增长了 100%、75%。其中无线端 UV 占比及成交分别占 75%、47%。《女神的新衣》正是通过成功打通用户心理，引导用户上网购物，打造粉丝经济。

3. 用户参与生产

在融媒体时代，电视观众扮演着内容生产者的角色。传统的媒体从最初的内容制作机构逐渐发展成为专注于融合媒介的社交互动平台。换言之即不再仅专注于制作内容本身上。当代人除了观看电视屏幕，还形成了多任务的观看状态。从某种层面分析互动的黏性，将成为电视的未来。争夺移动端，将成为整个电视领域未来最大的争夺点。电视业未来的发展将更加强调构造多屏合一的社交互动平台。

2014 年 10 月湖南卫视推出《金鹰节互联盛典颁奖晚会》。该晚会无论是形式还是内容，都进行了全新的尝试。开场直接以创意短片“十指人”切入主题，诠释互联网思维人的思维及生活方式均发生了较大的变化。主持人出场的第一件事就是引导观众使用手机与节目互动。所有的手机都具有延续电视屏幕的作用。本次晚会获得了巨大的成功，会上自如地切换虚拟与现实的镜头，网络感的包装以及传统电视与互联网技术的嫁接，构建了别开生面的多屏融合互动平台。其中同一时间由千万用户下载、扫码刷屏、弹幕、热追踪“微观”、4D 虚拟等不仅有趣而且完全符合用户的需求。数据显示，开播 25 分钟后，就有 205 万用户成功参与其中。晚会直播现场约有 2000 万人参与“呼啦”扫码大放送并参与下载、评论、刷屏、分享等相关活动。其中最让人感动的是歌曲《平凡之路》（朴树）演唱时超炫的演唱墙，据悉该演唱墙融合了 APP、智能手机、移动互联网等多项技术，共同打造该跨地域大合唱，满足多屏用户参与虚拟平台的需要，成为节目真正的亮点。可以说这是传统电视的创新，是一次全新的尝试。

当前很多新节目结合用户需求，积极尝试加入各种新媒体元素。比如阿里巴巴与优酷土豆共同合作，打造了“边看边买”这一全新的模式。

通过该模式，消费者可实现网络同步观看电视、电视剧等各类视频。在观看视频过程中如对视频中出现的商品感兴趣，只需要点击即可购买；再比如《中国正在听》，这是一款全媒体互动音乐真人秀，该真人秀由中央电视台综合频道与光线传媒共同合作。500多名现场观众通过“摇一摇”进入APP投票平台，同时其同步主导比赛结果的权重达到68%以上。在此背景下，各台积极推出满足用户互动具有特色的APP。其中最著名的包括悦动（中央电视台）、呼啦（湖南卫视）、乐享（江苏卫视）。基于电视节目而形成互动内容、游戏的APP不仅能够第一时间为网友送上精彩的节目，同时还可引导网友进行互动交流。官方数据显示，在亲子类节目《爸爸去哪儿》播出期间，每周五至少有400万人参与“爸爸之夜”的互动，其互动频次至少达到300万以上。

4. 用户关联社交平台

尼尔森数据显示，分别约有43%、46%的平板用户、智能手机用户会同时使用移动设备观看电视节目，53%的移动设备用户曾利用社交活动工具，比如微信、微博等分享电视内容。这充分说明网友们会通过评论、转发、分享等方法进一步扩大视频社会化发展，这必然改变电视产业的发展格局，形成新的传播电视的方式，真正进入融媒体时代。

在传播节目的同时，其文本会出现多次化学裂变，即解构、重构等环节。换言之，即传播者并不是唯一定义内容文本者，而是进一步扩展、开放化文本。比如弹幕技术：互联网平台早就引入弹幕了，而传统电视直到《金鹰节互联盛典颁奖晚会》（湖南卫视）才第一次引入弹幕。芒果 TV 网络平台打通了 PC 端、手机端、电视端实现实时多屏互动，具体包括用户与用户、用户与内容、用户与制作方等几个维度。通过弹幕的方式无限外延用户在观看电视节目时对节目的吐槽。电视屏幕同步出现用户的想法、观点并与原文本内容相互叠加，继而形成新的内容文本，形成信息闭环。

综上所述，具有社交功能属性是内容产品引起关注的前提条件。比如《女神的新衣》就在社交媒体中形成口碑效应，该节目播完第三期后，节目点击量超过新浪微博综艺榜的其他所有节目；24 小时内近亿次传播与“女神的新衣”有关的话题，这也是其他所有节目所不具备的；其百度排名指数达到 251799，位列当晚节目第二名；淘宝指数达到 165706，位列服装类搜索指数第一名。较高的社交媒体关注度，极大地提高了该节目的收视率。

以上充分说明，用户已经成为互联网电视多屏联动显著的表现。用户参与是创新电视节目的重要保障。当前各大制作电视节目的平台均已经充分意识到这一点并在节目生产前端引入用户参与，精准定位用户需求，为节目的良好发展奠定基础。①

七、在电视中实践云技术

云计算是传统计算机与网络技术发展融合的产物。1961 年，美国

① 王晓红．多屏时代的电视创新思考 [J]．新闻爱好者，2015（10）．

计算机科学家约翰·麦卡锡提出了把计算能力作为一种像水和电一样的公用事业提供给用户的理念。美国国家标准与技术研究院于2011年共同提出云计算概念，同时将云计算定义为资源管理模式，可基于网络访问结合按需分配、便利、广泛的访问诸如存储器、服务器、网络等基础资源，实现自动化、高效、快速的配置与管理。“云”是互联网的一种比喻性说法。云技术的基本特征是虚拟化和分布式，通过抽象化服务器、内存、网络、存储等虚拟化技术转换为计算机资源之后再呈现出来，方便用户高效地使用资源，同时不再局限于地域条件、资源物理形态等因素的影响。运用分布式网络存储技术在多台独立的机器设备中存储分散的数据，在此基础上结合多台存储服务器对存储负荷进行分担，如此一来有效地解决了单纯使用存储服务器对传统集中存储系统的影响，同时有助于提高系统的可扩展性、可用性、可靠性。云计算被普遍认为具有三个特点：虚拟化、超大规模和高扩展性。云计算技术包括的具体内容有：数据存储技术、数据处理技术和虚拟化技术。

云技术在电视领域具有广泛的应用前景，尤其在节目存储和内容分发方面。麦肯锡全球研究机构指出，未来全球经济主要受12项技术影响，其中有三项属于新媒体技术：其一是移动互联网；其二是物联网；其三是云计算。同时，上述三大技术均与大数据具有十分紧密的关系，特别是对传播业的发展造成较大影响。相比传统内容分发技术，云技术对于提升节目传输速度、节约成本和改进商业模式都具有重要作用。有人预计，未来云端将用于存储所有节目内容。智能应用可充分利用云端而不再受硬件的影响，所有的终端都能够因此而具有快速、高超的计算能力，未来云端将带领人类走向智能社会。在云计算不断发展的同时，电视播出方式正在变革。相比传统的内容分发技术，云技术在支持多屏播出和互动业务等方面具有显著的优势。目前，云电视已经应用在了电视渠道运营的实际业务中。用户可以通过电视机、智能手机、平板电脑或个人电脑等终端从云端收看直播电视频道，同时还可以使用回看和视频点播等功能。[①]

目前我国互联网电视已经逐步进入一云多屏和多屏互动时代。

基于云计算而形成的一云多屏在电视领域中得到普遍性应用，具有一次生产多渠道输出电视节目的作用，而不再仅局限于电视播出。利用云端存储电视内容，同时其播出方式不再局限于电视，而是可通过各类平板电脑、手机、楼宇液晶电视、智能电视等得以传播。受众可以随时随地以各种终端搜索并观看想看的电视节目。

显然，如果单纯利用云端分享节目是很难实现多屏互动的。观察电视综艺节目的发展现状不难发现，随处可见手机小屏、电视大屏实时互动的情况。当前众多综艺节目均推出手机客户端、微博微信平台。比如《快乐大本营》就可通过手机客户端、微博微信平台与广大用户实现实时互动，在双屏的基础上进一步扩展多屏互动。方便受众与终端播放平台进行有效的沟通。多屏互动已经从技术上打破了屏幕的界限。

多屏还具有多元化硬件的特点。互联网最基本、最重要的功能是互

① 李宇．传统电视与新兴媒体：博弈与融合 [M]．北京：中国广播影视出版社，2015：24-25.

动。从一云多屏到多屏互动，充分体现了硬件设备带来的便利。便捷的利用多屏展示或者切换内容，基于一云多屏实现跨平台操作将成为常态。与此同时，多屏互动要求制作的电视节目内容符合更高的要求，特别是能够满足多场合、多终端的播放需要，这有利于优化升级电视节目，扩大电视节目的受众群、融入度。同时也具有扩大年轻电视节目受众群体的作用，为电视领域的科学布局及可持续发展奠定基础。①

八、多屏联动的未来：TVE

用来描述随时随地在任何设备上看电视的能力的词语有很多："电视无处不在""视频无处不在"以及业内人士所说的"多屏电视"。

不管你怎么描述它，我们都已熟悉这一条公式：移动设备的井喷+越来越多的内容=海量人群观看海量内容。随着这种现象的出现，Netflix、Hulu 等在线视频服务变得广为流行，它们帮助培养消费者在电视机之外的设备上收看主流电视内容的习惯。

这一演变还远未结束。虽然已经有不少消费者从 Xbox 收看最新一集的《周六夜现场》(Saturday Night Live)，通过手机玩了昨晚的《Braves》游戏，但这种行为的主流化能够也应该发生得更加快速。随着设备渗透率和视频观看时长(eMarketer 称日均达到 278 分钟)双双创下历史新高，这一趋势可谓几乎不可阻挡。该演变要"打开水闸"，只需要内容所有

① 湛亚莉．电视节目多屏互动发展研究[D]．长沙：湖南大学，2015.

者和服务提供商做出数项改变。

1. 用户友好

这看似是容易的事，它也确实是最容易克服的障碍之一。虽然节目制作方和运营方针对“电视无处不在”项目进行了大量的技术投资，很多有线电视订户其实并不知道自己可以访问在线服务或者视频点播（VOD）服务。除了更好地营销推广这些服务外，行业公司还应该对技术人员进行专门培训，让他们在安装或者维修设备时为新用户介绍、讲解功能服务。

看电视本身是项简单的体验，但由于点播和多屏选项过多，用户要有技术知识或者耐心才能够从无数的节目选项中找到想要的节目。观众愿意为了这些服务花一点心思去研究了解，但不会愿意拿出很多的时间和精力。降低服务的使用难度以及使用户体验尽可能地无缝是运营方和节目制作者义不容辞的责任。改善用户界面也非常重要，尤其是开发方便寻找新内容的发现工具。

2. 统一的内容访问

从消费者的角度来看，现有的内容格局往往显得碎片化，难以辨识。电视节目有时候很快就出现在点播平台上，有时候则过了好几个月都没有露面，有的内容则会在出现后莫名其妙地消失。最喜欢的电视剧有些季有提供，有些季则没有。在这方面行业需要做得很简单：确保内容在人们需要的时候在所需要的地方出现，以吸引他们更多地回访。这需要行业的运作做出重大的改变。我们需要转向多屏内容协议，给策划制作过程带来可预测性，而不是寻求达成复杂的内容协议，使播放权局限于某一个平台或者某一类设备。

3. 迎合消费者行为改变

Netflix、Hulu 等改变消费者预期和看电视习惯的 OTT 公司在有线电视行业掀起波澜已不是什么秘密。但说到底，该行业自身还是需要拥抱变化，开始尝试用新方式来迎合消费者的新行为习惯。举例来说，MediaPost 撰稿人在其最新的专栏文章中称，哥伦比亚广播公司（CBS）应当在新剧《Hostages》在电视上正式开播之前先让观众在网上看六集——这能够给节目造势宣传，使人们在追剧同时带动更多的多屏观看和线性收视。

同样地，消费者对非线性内容的欲求前所未有的强烈。正如 VideoNuze 的威尔·里奇蒙（Will Richmond）在描述他作为《绝命毒师》（Breaking Bad）粉丝的体验时所指出的，社交媒体能够推升人们对已经开播一季或者更长时间的节目的兴趣。当下，很多美国观众都是选择到 Netflix 煲剧，而不是选择通常只有几集内容的视频点播服务。这是该行业内从供给侧迎合消费行为发生的主动而显著的改变。

4. 技术基础设施投资

对于节目制作方和服务提供商来说，让庞大的视频内容库覆盖每一个屏幕、每一个平台和每一个设备是项极其艰巨的任务。以符合消费者预期的方式实时推送多种格式内容的过程涉及大量运筹和技术方面的挑战。说到底，有内部技术投资和第三方的合作支持，节目制作方和运营方才能够轻松扩展他们的业务，将服务内容推向未来的新设备。关键在于，现在就需要开始投入资源展开相关行动，以及确保基础设施准备好应对未来消费者行为的变化和新设备的推出等。“电视无处不在”领域正以惊人的速度发展，现在还无法预测几年后它会变成什么样，而轻松适应这些未知变化的能力将会是成功企业的共同特征。

行业应当长远地看待对“电视无处不在”的投资，重视维持现有用户的满意度，尤其是将多屏观看视为其第二天性的年轻用户。来自 Needham Insights 的最新报告预计，“电视无处不在”项目最终可能能够帮助行业每年节省 42 亿美元，因为它们可延长潜在的“掐线”（Cord Cutting，即终止订阅有线电视服务）订户的订阅期限。该数字也说明了解决行业现有的这些问题，及确保有线电视订户不会通过其他渠道来满足他们的多屏需求非常重要。要成功推行“电视无处不在”，有线电视行业必须转变思维，从应对者变成行动者。行业内需要适应和鼓励不断改变的消费者行为，而不是被动地接受它。①

九、案例：美国的“电视无处不在”

电视行业里面每一天都会有新的事情发生，它的未来总是朝不同方向转移。但基础仍然存在。我们所看到的已经成为现实的第一件事是“电

① Braxton Jarratt. 是什么在阻碍人们获得真正的多屏电视体验 [EB/OL].（2014-01-18）[2018-09-25]. http://tech.163.com/14/0118/14/9ISKD67B000915BF.html .

视无处不在”（TVE）。基本上，如果你有 Netflix，你可以随时在任何设备上收看付费的电视服务。比如，你可以在电视上无缝对接在 iPad 上暂停的节目。

技术解决了一个关键部分，使这一切得以发生：衡量各种设备上收视率的能力，推动网络保持相同的广告收入。自从尼尔森早在 2013 年 2 月第一次宣布将使其成为现实时，这便是业界一直在等待的事情。虽然这个项目有轻微的进展和更新，这包括 2014 年 10 月尼尔森正在与 Adobe 合作进行网络评级的公告。但截至 2015 年 3 月，仍然没有发布任何的成果。

这就是为什么有如此多的多渠道视频节目分销商在目前的 TVE 服务上踌躇不前。Digitalsmiths 在 2014 年年初进行的一项研究显示，超过一半的受访者甚至不知道他们的供应商有一款 TVE 应用，尽管康卡斯特最近报告称，他们 30% 的用户是其拥有 1100 万次下载量的 Xfinity TV Go TVE 这款应用程序的常客。

电视无处不在有两种可能的选择：一种是多渠道视频节目分销商专用电视无处不在的应用；另一种是网络专有的 OTT 应用程序。前者在美国成功的可能性更大，原因如下。

数百万人的固定观众。任何新的 OTT 服务，无论是像 Sling TV 这样的小机顶盒，还是像 HBO Now 这样的网络应用，第一步都是必须从头开始打造受众。然而，多渠道视频节目分销商的基础服务已经为他们的应用提供了大量的自带观众，即那些数百万已经为他们的服务付费的用户。所有的多渠道视频节目分销商都必须要做的只是说服他们下载一个免费的 TVE 应用，然后开始使用它。没有什么可以放弃的，没有什么可以替代的，最重要的是没有什么需要付钱的，这是一个非常强大的卖点。

所有的广告收入。得益于这些数百万的潜在受众，与其他 OTT 电视应用相比，在运营商的 TVE 应用上销售广告将要容易得多。随着网络开始看到广告收入的流入，他们将会对将他们的节目放入运营商应用上的协议变得不那么抵触。他们甚至像疯掉一样，允许观众通过这些应用来访问他们的家庭硬盘、录像机或视频点播系统。奇怪的事情正在发生。

易于使用。由于运营商的 TVE 应用合并进入用户现有的付费电视系统中，所以它们（理论上）应该更容易设置。例如，该应用（还是从理论上讲）自动登录到家庭 Wi-Fi 系统，因为用户已经注册，并且时代华纳的应用一旦设置，就可以识别用户是时代华纳的电视用户。

还有一个事实，那就是有几十个频道都是没有额外的成本的，你可以不费什么事就从一个频道切换到另一个频道。这是一个很大的优势，因为当你处理几十个独立应用程序时，从一个频道切换到另一个频道绝对会成为一个大麻烦。

运营商的 TVE 应用也可让你轻松地在所有设备之间切换。所以，当你厌弃了室内的 72 英寸家庭影院前的位置时，你可以向右滑动，把爱国者的游戏从你的 iPad 推到电视机上，你能在几秒钟内就坐得更舒服。这是拥有一个连接到你的机顶盒的 TVE 服务的好处。

永远不要低估便利性的力量，记住 MVPDs 是如何在 DVR 游戏中击败 TiVo 的，只因为它提供了自己的版本，直接内置在消费者已经从他们那里租赁的机顶盒中。与 TiVo 相比，这些 DVRs 的功能非常糟糕，但它实际上是免费的，有线电视技术为你安装了它，如果它崩溃了，那就是 MVPDs 的问题而不是你的。寻找与 TVE 应用程序的类似反应；MVPDs 可能没有最好的应用程序和最好的界面，但是它们的方式更方便。

多频道视频节目分销商控制着互联网（或者至少是最后一英里），因为多频道视频节目分销商也是宽带网络的所有者，他们可以制定类似于“如果你真的只想要单纯的宽带包，我们可以把它卖给你，但是再多花 5 美元你就可以另外得到我们的 35 个频道的基本付费电视节目和一个免费的 TVE 电视应用”之类的规则。无论你是一个多么忠实的苹果粉丝，这都是一个难以抗拒的提议。

随着运营商的 TVE 应用变得越来越受欢迎，家庭开始倾注于网络视频的时间越来越长，而作为频道视频节目分销商客户的家庭将不会看到其苛刻的带宽限制，因为无限制的高速带宽将成为他们套餐的一部分。

另外，虽然 MVPDs 相对于 OTT 方面处于非常有利的地位，但它并不是所有的都免费。MVPDs 在用户界面方面是臭名昭著的，如果运行他们的 TVE 应用是痛苦的，那么数以百万计的潜在观众将不会使用这个应用。同样，如果 MVPDs 和网络无法让用户从 VOD 或 DVR（或两者同时）中访问电视内容，那么这是一个很大的缺点（尽管“免费的 TVE 应用”的“免费”部分总是非常引人注目）。

所以给它些时间。随着情况的改变，电视网络将会意识到，成为用户友好的向导的一部分是他们的最佳利益。即使这个行业百分之百发展成了 OTT，多渠道视频节目分销商也不会消失：他们控制着互联网，或者至少控制你的入口。[①]

十、结语

无论如何，电视、电脑、手机和 iPad 都越来越紧密地联结在一起。这种联结为用户、产业、技术和资本所强力驱动。它让过去的电视观众自然地转换为现在的用户，他们活跃地在各种视频平台上关联、互动、评论甚至购物。不仅是终端多元了，电视或者说视频的分发和播出渠道也日益多元，这造成了当代电视收视的结果：电视无处不在（TVE）。与这些电视产业新动向相呼应的是各种电视台、电视节目的 APP 泉涌而出，成为人们乐此不疲的新选择。电视加强了与网络视频、网络直播、短视频、微信以至购物网站等多平台的跨屏联动，使相互之间的内容、广告、商业等各方面的合作更加多元而且深入。

---

① WOLK A. Over The Top: How the Internet is（Slowly but Surely）Changing the Television Industry[M]. North Charleston：Create Space Independent Publishing Platform，2015.

事实上，多屏联动带来的不仅是表面上我们所观察到的这些现象，更深层次的是多屏联动和电视无处不在大大地提升了人们的交互体验，并让基于多屏的数据挖掘和分析在未来成为可能。云计算使电视步入深度的虚拟化、超大规模和高扩展性。电视行业在逐渐进入一云多屏和多屏互动的新常态。电视智能化将不再仅仅停留在终端硬件或者广告词汇中，它正在成为人们日用的现实。相应地，观众从纯粹的看客也在各个角度上变身为电视节目的生产者。观众成用户，用户成中心，才真正成为一句实在话。当然这些都将改变电视的整个产业链，从电视终端厂商、制片公司、广告商，一直到电视台和电视运营商，他们的生产、制作、播出和营销都将迎来革命。

第四章　社交电视与电视的社交化

多屏联动和电视无处不在最为重要的一个原因和结果都是社交；社交也成为互联网社会最为核心的关键词。社交原本就是电视最重要的功能之一：电视是当代人类社会构成的要件，它是一种重要的谈资引入并建构了人们的日常社交。当然，“互联网 +”背景下的电视让社交更加深入地切入人们的生活。它既表现为电视的社交化，也呈现为各种类型的社交电视。社交电视为什么兴起，它的背景及原因如何？电视的社交化是什么，现状怎样？社交电视如何社交？它可以分为哪些类型？如果说社交电视是网络化和社会化的产物，那么它与收视率、收视评价以及电商、广告之间的关系如何？这都是我们急切想要知道的。

一、社交电视的兴起

毋庸置疑，火热的SNS社交应用及爆发式发展的移动互联网极大冲击着传统电视业务。在互联网背景下，人类逐渐习惯利用手机、电脑取代电视收看视频。社交网络又进一步加速放大了电视天然的社交性，在此背景下民众改变了观看节目的方式，互联网成为大众交流的载体，以手机屏幕端进行交流，显然，无论是时间还是空间，社交电视都较传统电视社交有过之而无不及。

观众不仅仅观看电视，还同时利用智能手机、平板电脑上网。雅虎的一项数据显示，同时使用移动设备、看电视的用户达到86%以上。英国的一项调研结果也得出类似的结果，约有62%的用户选择同步使用移动应用、观看电视等。两种新旧的社交行为及两块屏幕的互动，这就是社交电视全新的概念。

分析互联网社交平台数据，能够很大程度说明互联网、电视节目存在天然的社交行为。每天微博中的推荐话题很多都来源于电视题材，更为重要的是每天发布广播电视及发表微博信息的高峰时间是一样的。80%的被调查者表示会与朋友通过互联网SNS应用就电视节目进行互动交流。中国社交网络话题中，与电视节目有关的话题排名靠前五。每天新浪微博都会发布与电视节目有关联性的微博信息。

社交电视的出现，为电视产业打开了一片新的天地：互联网社交网络中层出不穷地针对电视的评论，是观众对节目喜好的最直接反映；社交网络的传播放大效应和呈几何级数增加的传播速度，也给电视节目的口碑传播带来新的渠道；电视媒体的官方 SNS 账号成为与观众互动、节目营销的最佳平台；而对社交平台上用户行为的分析，更是成为节目个性化推荐的有力支撑并提供了一条直通用户的最佳路径。[①]

二、社交电视的发展历程

在过去的 80 年里，电视一直是一种单向的信息传播方式。包括节目方、广告商等社交电视都是以关联观众与他人作为社交的出发点，电视将不再是单向的传播媒体。现阶段的主流媒介消费群体伴随着 Web 2.0 的发展而成为习惯互动沟通的一代，能够主动创建互联网内容，创新互联网行业。在此背景下电视机逐渐失去往日的风采，日渐衰落。

近年来，国内观众观看电视的时间和频率均呈现出下滑的变化趋势。虽然当下电视还是希望通过广告提高品牌知名度的媒介，但是电视革命的声音还是越喊越响。因此从 21 世纪初开始，以不断发展的新兴技术为基础，发展了从基于通信网络的电视互动短信到基于互联网的电视微博墙，以至如今的社交电视的整个过程。

随着电视与社交的结合，电视互动日趋流行，这一过程充分体现了传者本位逐渐转变至受众本位的过程，具有创新传统电视传播模式的作用。准确地说，直到 2002 年春晚推出短信互动才让电视短信互动走入

① 周旭，程耀东．社交电视大数据分析应用及发展 [J]. 电视研究，2014（5）.

民众的视野。《超级女声》（2004）通过短信投票把电视互动短信成功创造成为巨大的商业盈利点。电视短信互动颠覆了传统的传播模式，广大观众通过此种方式得以直接参与电视节目流程，甚至对电视内容产生影响，创新电视观众收视参与模式，而不再仅局限于单极点对面的传播方式。客观上说，此种模式不仅缩短了传统电视节目无法满足观众与电视互动的瓶颈性问题，满足观众现场互动的需要，同时拉近了观众与电视的空间及时间距离。

然而在成功激发受众的互动意识后，电视互动短信并未朝着预期良好的一面发展，而是逐渐陷入同质化、庸俗化、形式化的尴尬境地。由于过于强调近期的商业利润使电视短信互动失去长期的发展潜力，并最终导致其被更深入、更新的电视互动模式所取代。

在此背景下，移动客户端、各类社交新兴媒体技术得以不断普及发展。微博是其中最为典型的形式。微博较上述电视互动短信的优势主要体现在充分运用网络、手机等新媒体技术引导观众与电视实现互动。2010 年后，越来越多的电视综艺节目开始引入各类电视互动新方式，这其中包括微博墙，同时可满足电视场内外观众互动的需要。其主要以同步利用大屏幕展开的方式展示参与者发送的信息内容。其信息内容包括微博或者短信等各类形式。

不断普及的终端是电视互动形式得以兴起的根本。这意味着广大电视观众可通过电视机屏幕以及第二屏幕等方式与电视节目内容互动，与此同时节目制作者在生产电视节目的链条中以双屏互动的方式进一步丰富电视，而不再是简单地聚合原有内容观点。

社交电视的受众不再只是单纯的信息“受动者”，其简单地“转发”“分享”或者稍微复杂一些的原创和评论，都使自身成为名副其实的“施动者”。通过社交电视所进行的内容创作、情感交流和信息分享，都让传统电视的观众由单纯基于兴趣的观赏，变成相互关联的情感网络和共享机制。

这些电视互动的前期尝试正好开社交电视实践的先河，后者更加强调让电视用户在社交网络上讨论分享电视节目，并以此影响其他社交网络用户观看并讨论相关电视节目。如果说互联网电视和传统电视在很大程度上是网络接入的区别，而具备社交功能则是未来电视应该具备的基本功能。当代电视已经超越内容（content）为王的时代，进入语境（context）为王时代，而这“语境”就来源于社交。

三、社交电视及其类型

社交电视是指允许用户以社会化的互动、交流去选择观看电视节目的所有技术。所以一般将社交电视定义为观看电视的方式，而非某种发明或者某款产品。社交电视强调引导人们形成更具社会化的观看电视的行为。

社交电视有机整合了阅读、游戏、网络微博社交、音频视频娱乐等多种丰富的应用。用户通过社交电视可实现群体化、多元化地观看电视节目，同时具有掌控电视节目与其他观众互动等作用。客观上说，由于社交电视具有上述多重优势，所以能够一定程度扭转电视直播节目收视率每况愈下的局面；此外由于其具有开放性，因而方便电视运营商引入新的开发利用，并获取相应的收入分成。

消费者的需求可分为个性需求和共性需求两种，时下比较流行的社交渠道手机、电脑中的应用很多属于个性需求，在手机和电脑登录微博、微信或者 QQ 许多信息都无法做到与人共享，因为你的圈子或者你的一些分享内容并不适合自己的父母和子女。而收看电视属共性需求，社交电视的出现满足了家庭的即时共性分享，电视屏幕成为连接家人的纽带。①

社交电视目前在中国主要有以下四种模式。

（1）基于移动终端的 APP 应用模式。这类应用主要是基于移动客户端，在收看电视内容的同时，实现与电视节目之间的实时互动服务。目前，移动端的社交电视 APP 大致可以分为两类：第一种是应用内自建多功能社区，实现对节目的讨论和评价，如卫视通；第二种是借助微博等第三方社交平台，对电视节目进行分享评论。

（2）社交互动模式是以电视机构为基础而开发形成的，比如借助高清互动平台厦门广电网络开发了社交电视新功能，将社交元素引入互动电视中。通过这样的方式引导用户通过评论、投票等方式参与节目内容，同时可向好友分享正在观看的节目信息，进一步扩大节目的影响力。

（3）“一屏两用”模式是基于电视终端而逐渐形成的。此种模式

① 闻涛．社交化电视：收视习惯的大革命 [J]. 市场观察，2011（11）.

体现在用户可通过电视屏幕观看电视内容或者进行其他相关社交。此种交互模式是围绕电视屏幕而形成的。一直以来，人们普遍将电视视为单向输出的屏幕，在传统的模式下观众仅能够被动地接收观看电视，处于被动观看的状态中，而将社交功能引入电视后，受众不再仅仅是被动的交流了，更多的是能够主动交流，实现社交化活动。此种创新型终端是否可改变观众的收视习惯仍需时间验证。

（4）视频客户端模式是以互联网平台为切入口而逐渐形成的，其符合用户社交化的需求，新增了互动社交方面的功能。

就社交业务的发展来看，各种网络电视并未形成均衡的拓展发展格局。从客户端的层面分析，网络电视素有商品的属性特点。换言之，即用户在评价所观看的电视节目时，其客户端界面会频频出现广告，继而影响用户的使用体验。

四、社交电视如何社交?

电视原本的一个重要功能，就是社交。电视与社交媒体之间存在一种天生的内在关联和互惠关系。中央电视台曾经在几年前做过一个调研，人们平时讨论的话题里面，最多的就是讨论电视，51% 是讨论相关电视节目内容。我们上班的时候，会跟同事讨论电视节目，比如《非诚勿扰》或者《中国好声音》这样的节目，经常讨论是 18%，天天讨论是 1.6% 的比例。讨论的目的是什么？交流宣泄大概占 29.3%，交际手段是55.4%，就是说你跟朋友吃饭和聊天的时候，你会引起一个话题，这是一种交际手段。然后通过亲戚朋友选择一个电视节目的，是15.97%这样的比例。社交电视现在要做的事是把这样一个东西，平移到虚拟的世界，平移到网络的世界。比如我们看到比较成功的互联网，都是从物理环境下平移到虚拟环境下。又如谷歌搜索，它就是来源于图书的检索。再如我们看到的电商，是线下的购买行为平移到线上的购买。还有很多成功的商业模式，比如门户网站，是通过用户浏览新闻并把评价发到互联网上。所以社交是电视的重要组成部分，这样，我们能不能把社交，一个物理环境下的社交，平移到虚拟网络。这是我们基于社交的一个基本要素。

社交电视收视与家庭收视方式的“关联性”分别指收视者与他人、家人交流互动、和睦共处的模式。具有交流功能的电视赋予上述两种收视方式一样的功能效用。家人与友人可以在家庭收视、社交电视中进行话题沟通。[①]

另外，随着这几年运营商的网络越建越宽，智能手机的处理能力越来越强，一些终端甚至比PC的处理能力还要强。所以智能手机和平板电脑的普及，是社交电视爆发的一个前提。比如说我们看到一个AC尼尔森数据，你看电视的时候，在使用智能手机的时候，你会干什么？在美国51%的人会看电视节目，在英国、德国、法国、日本，这个比例非常高。所以移动终端的普及会影响用户，第二屏幕会影响整个社交电

① 陈红梅．数字时代的日本电视收视模式：“定制型”与“社交化”[J]．当代电影，2015（10）．

视的发展。交互的需求是产生社交的一个动因，这也是AC尼尔森的数据。在看电视的时候，34%的人会查看电视比赛的比分，有29%的人会查阅电视节目相关的详细信息。比如说看到一个演员，他是什么情况，在电视屏幕上很难展现出来，那么我可以通过手机的搜索，或者其他的方式来查阅电视节目相关的信息。还有19%的用户会查阅电视广告产品相关的信息。这样，使广告投放时能够产生双屏最佳的效应，还有16%的用户会查找电视广告折扣券或者销售的信息。所以这种交互的需求，可能会产生社交的动因在里面。

社交电视用户使用社交媒体的理由是什么呢？从NHK《电视60年》的调查来看，表示希望获取他人想法的用户达到83%以上；希望与同一爱好者分享感想、信息的用户达到65%以上；希望可以获取丰富、有趣的电视节目的用户达到65%以上。电视节目仍是人们使用社交媒体的最为主要的原因。以意识特征分析社交电视使用者，不难发现他们普遍希望可以马上获取自己想知道的问题的答案或者事情。年轻的收视群体则有向他人传达自己的感想和想法的欲望。因而日常往往会通过各种交往方式，比如邮件、短信、电话等方式将自己的想法传达给他人。使用社交电视的用户普遍认为电视是人与人之间进行话题交流的契机。调查显示，社交电视使用者，尤其是那些年轻的受众普遍具有强烈的表达欲、探索欲，在观看电视项目时，均强调其中的交流话题功能。

社交电视扮演了古代类似庙会的角色，构建一个虚拟的交流空间。

人们之所以在看电视时使用社交媒体主要基于三个动机：一是了解亲朋好友以及其他观众关于某个节目的观点看法；二是与亲朋好友分析观看节目的心得体会；三是通过社交媒体了解节目背景信息和八卦爆料等。此外，边看电视边使用社交媒体可以增加收视的乐趣，能让观者在电视机前坐得更久。[①] 无疑，社交电视拓展了观看电视的方式，召回了许多本已流失的电视观众，并极大地增强了电视收视的黏性。

五、第二屏幕与社交电视

当你在观看电视时，你会在节目播放过程中交流吗？当广告开始播放（如果你跳不过它们）时，你只想思考并谈论你看过的节目吗？ 我猜测你的答案是“不”！但是社交电视领域就出现了诸多相反的情况。因为很多人在看电视的时候手里都会拿着多种第二屏幕。但是，没有任何理论表明，他们是在使用这个设备来与屏幕上的任何部分进行交互。如果他们拿出 iPhone，他们会检查电子邮件、看微信朋友圈里的照片、检查游戏的得分，他们一般不会在看电视，甚至说是进行着与电视毫不相关的其他活动。

人们经常打开电视只是为了有某种背景去分散注意力，这样的行为称为“被动观看”。我们都知道查看电子邮件和收看电视节目的行为是不相容的。毕竟这不是在课堂上好好听讲，它们只是你在被动观看体验

① 李宇．传统电视与新兴媒体：博弈与融合 [M]. 北京：中国广播影视出版社，2015：64.

中可能做的许多事情中的两件事。

那么，那些不仅仅是背景音乐的节目呢？它代表着你所期待和真正关心的东西，这被称为“主动观看”。从逻辑上来讲，如果你专注于一个节目，你就不会去看主角的相关资料，或打开微信看看有没有朋友圈的更新。这更有可能是你在看完节目后做的事情，因为这时你才有时间来回想你刚才看到的内容。

有些你愿意花全部的时间来专门谈论屏幕上正在发生的事情，都是关于社交的，如足球比赛、相亲节目、真人秀的决赛。在主动观看的过程中，你更容易把注意力集中到屏幕上发生的事情上，使电话和短信无法回复。而在被动观看的过程中，你反而没有足够的动力愿意去花时间谈论节目，只是随便看看。

因此，能够使用辅助设备评论主屏幕上的事，即“社交电视”“第二屏幕”。这是在过去的几年里一直备受关注的话题，虽然它仍然处于起步阶段。

针对在节目播放过程中众多粉丝选择发送微博的行为，人们提出社交电视现象。早期的应用也仅局限于收集在微博中发送节目的用户的信息，或者引导用户在观看节目的同时进行打卡，从而让程序知道用户正在观看该电视节目。

由此，风险投资公司对社交电视应用程序，特别是第一轮的投资非常感兴趣。商业资本纷纷注入，并且不会去质疑这些社交电视应用程序的商业计划（甚至没有相关的商业计划），就为其中的许多人提供了资金。

加入的“社交电视”应用程序也被称为“第二屏幕”的应用程序，它不受时间限制，而是允许用户与在自己的时间内与节目互动或观看其他的内容。在时移节目变得越来越普遍的情况下，这些不受时间限制的模式更为受众所接受。

在第一轮社交电视发展过程中，可以发现人们对不同类型的节目要求不同类型的互动，而某些类型的节目比其他类型的节目更“社交化”。

研究表明，现场体育赛事和真人秀节目在播出期间最有可能得到粉丝的互动（无论是通过微信、微博还是通过收视调查）。如果你考虑到人们在现实生活中观看节目的反应时，就会发现这点并不奇怪，他们不仅会交谈，甚至还会在屏幕前大喊大叫。体育赛事与真人秀节目还具有大量的自然中断时间，这能够让粉丝们有机会离开主屏幕，并开始在第二屏幕中输入一些内容。他们打字的内容总的来说不是非常耗时的，如“加油中国队！”或类似的简短文字，这样符合现代传播的特点。

其他类型的节目，如春晚甚至两会等现场直播节目中会得到很多现场互动。这些节目的优势是现场直播，无论在什么地方，每个人都能实时观看。同时，他们也有很多自然休息时间，因为这些被聚焦的重要场合，人们觉得有必要参与谈论他们。

情景喜剧和周播剧就属于中间的类别：它们有一些自然的休息，让人们的视线离开屏幕，但观众除了会对一些特别滑稽的或离谱的剧情做出反应外，不会有很多内容去发送微信。

很少有人表示他们会只看自己喜欢的节目的直播，而大多数人说他们只会通过回看或者网络视频的方式进行观看。这似乎表明，人更喜欢在自己掌控的时间里观看自己喜爱的节目。在这段时间里，他们知道自己会比较少受到干扰。这种行为可以表明，第二屏幕内容的市场将是围绕着节目播出之后的体验，并吸引到节目的核心粉丝，而不是普通观众。

这一直是围绕第二屏幕和社交电视的辩论：是为了商业价值去满足所有人并持续吸引新的粉丝参与其中，还是创造与该节目的铁杆粉丝们强有力的连接，使其成为该节目坚定的传播者？

这不一定是一个非此即彼的命题。美国的网络已成功地通过组织粉丝，推动热播的心理进行收看，并让他们在社交媒体中持续发布信息。勇敢冒险媒体顾问公司的创始人 Jesse Redniss 认为："我们希望通过调整现有粉丝基础，让他们的社交活动产生光环效应并带动新观众收视。关键是在社交中使用多元化的观众参与策略，让粉丝们在社交活动中发挥作用。它不只是关于推特的，我们还用了几个平台，包括 Facebook、Shazam、Instagram 和 Beamly，并且我们不断地测量和调整。事实证明，这些平台的结合是非常有效的，因为整个社交媒体上的观众仍然非常分散，你需要在粉丝们感到最舒服、最积极的社交平台上与他们接触。"①

① WOLK A. Over The Top: How the Internet is（Slowly but Surely）Changing the Television Industry[M]. North Charleston：Create Space Independent Publishing Platform，2015.

六、广告与社交电视

观众也会利用社交电视平台从产品、制作、创意等层面发表与电视广告有关的看法。通过这样的方式让广告主了解用户评价广告及其产品的情况，获取用户和兴趣爱好，分析用户是否具有潜在购买需求等。

广告主借助社交电视平台能够获得与观众有关的众多信息或者相关数据。这里的信息主要指观众的家庭收入、性别、年龄以及用户的喜好、喜欢的电视节目等相关情况。除此之外，还可追踪了解用户的消费行为并进一步整合，丰富用户关系管理系统，调整优化投放广告的计划，提出广告投放的效率。

当前很多广告主会选择在社交平台同步投放广告。通过这样的方式与受众形成实时互动，进一步优化传播效果、品牌效果，吸引用户在线订购产品，直接销售，量化投放广告的效果。

很多电视节目的赞助商也建立了社交电视平台，有机结合节目与广告，在提高或者维系消费者对品牌的忠诚度的同时，吸引更多消费者。

总而言之，社交电视帮助观众快速找到想看的内容，帮助电视台获得观众的反馈意见，帮助广告主更加精准定位消费者，虽然目前还处于发展的初级阶段，但是发展速度非常快，下一步有赖于电视产业链中各个环节的通力支持和合作，改善看电视的体验，把观众从 PC 屏拉回电视机前。[①]

---

① 张磊．社交电视迅速发展的三大原因 [EB/OL]．(2012-04-20) [2018-09-25]. http://info.broadcast.hc360.com/2012/04/201353502441-2.shtml.

这些社交电视的产品把电视广告和用户跟电子商务同步起来。这样一来，电视其实变成了一个电视广告和电子商务的平台，观众通过社交电视看电视的时候，会弹出一个电视广告关联相关产品，你就可能产生购买的欲望。谷歌有一个相应的数字，当你播放一个广告的时候，对这个汽车的搜索量会增加几百倍的量，如果这样，用户不需要通过搜索，通过社交电视的服务就能够更好地带动用户了解这个产品的相关信息。所以电视和电商的结合，将会成为产品新的模式。

七、基于大数据的收视评价

传统的衡量电视节目价值的标准较少，仅有收视率这一指标。显然，在社交电视时代，仅依靠收视率统计已经很难实时、准确地说明一个电视节目的影响力。具体而言，存在下述瓶颈性问题。

（1）不够全面的数据。当前收看电视节目的平台已经不再仅仅局限于电视了，而是逐渐向电脑、手机屏幕等层面发展。传统的仅以收视调查仪的方式进行调查已经无法说明是否有用户使用其他渠道收看采集节目的情况。简而言之，即无法形成全面的数据。加之有限的调查收视仪的范围，仅能够局限于抽样数据分析，导致评估效度存疑。

（2）不能实时获取数据。具体体现在无法实时采集回传数据并分析。而当下人类已经进入社交网络、互联网时代了，节目的口碑传播也呈现出病毒化、爆发式的发展特点。显然，在互联网背景下已经无法再仅利用传统的收视率进行实时衡量了。

（3）不够深入数据。虽然收视调查仪能够了解观众是否收看了电视节目，但是却无法洞悉观众是否满意节目或者对电视节目有何种看法。简而言之，即无法准确判断电视节目的价值。在视频网站、SNS 网络以及搜索引擎、论坛等平台下除了可获得节目的播放量，还可满足用户通过手机发表评论。节目制作方也可因此而获得用户的反馈，继而结合用户的认可情况进行科学的制作、传播节目。

综上所述，步入社交电视时代，应有意识地改良传统的收视率，并赋予其更多更为丰富的元素。只有这样才能结合多个平台更加深入、全面、实时、精准地说明其电视节目的影响力。

当前国外积极尝试建立区别于传统收视率指标的收视评价指标，即以电视为载体，分辨互联网社交行为。尼尔森与推特共同推出“推特电视收视率”，主要用于测量电视节目的热度。这一时期电视行业高层普遍意识到广大观众基于第二屏幕效应，已经形成了完全不同的观看电视的习惯。2013 年的调查显示，用户利用推特向他人分享自己观看某一节目的感想，这一行为有助于优化收视率。Horizon 传媒公司分析师也指出，广告主在判断电视剧是否受欢迎及其受欢迎程度时，往往会以“推特收视率”为重要参考依据。

推特于 2013 年正式上市，为了获得市场盈利，推特通过与电视结合，推出众多电视产品。推特在上市路演的阶段主要向各大投资者宣传自身在各大电视台提升收视率中的作用，即以在电视行业中的优势作为宣传重点。这一阶段的推特与职业体育、专业电视网络，如 NFL、CBS 等均建立了良好的合作关系。它可以延长用户在该网站上的停留时间，并观看电视广告。上市后不久就推出了一款面向广告主的最新工具，该工具允许用户结合电视节目投放发布消息广告，最大限度地发挥该服务的作用。消费品牌、广告网络只要通过该项目内容，即可实现向正在讨论特定电视节目的用户推送信息，而不管是否投入电视广告。

融合大数据技术与社交电视表现出强大的发展前景，并形成一系列新型应用服务形态，继而影响整个电视产业的发展。具体而言其影响主要体现在如下层面。

（1）实时指数监测：全面、实时地采集国内外各大视频网站、互联网主流社交平台以及搜索引擎中各大频道、电视台、栏目电视媒体。以互联网社交平台为载体，充分分析各大主流电视媒体的行为，并形成检测数据。这些检测数据对相关栏目、频道 、电视台的影响重大，有助于各大电视媒体准确评估自身价值。

（2）分析节目竞争力：通过上述采集到的各种数据分析各大电视台及相关频道、栏目的社交行为，同时可为国内外电视台相关节目、电视台自办节目提供对比竞争分析。

（3）互联网营销支撑：电视媒体节目单位可通过该融合技术实现全程跟踪节目，了解节目播出后各个环节的社交传播情况。分析数据，基于社交平台找到节目的用户社交圈、关键节点。在此基础上可充分利用精准营销技巧及互联网快速传播的优势，有针对性地主动发起社交推介行为，从而提高用户对节目的黏性，扩大用户覆盖面。

（4）节目制作支撑服务：通过采集或者挖掘用户属性、播放数量、用户评论、社交关系等数据，基于节目分析潜在观众的群体特征。在此基础上可获取互联网热点内容、事件，从而形成各类节目素材。节目制作方可通过这些全方位了解观众特点，有效利用节目素材，结合观众的口味有针对性地制作电视节目。

互联网与电视产业基于社交电视大数据服务的背景下实现深度融合，实现了全屏收视率等全新的产业形态。全屏收视率顾名思义即传统收视率与网络收视率的结合。现有技术条件一般将谷歌、百度等搜索量以及诸如新浪视频、爱奇艺、腾讯视频等平台的点击量作为评价节目网络收视率的依据。上述数据来源主要可细分为两大部分：其一是专业的收视率调查公司经检测获得的相关数据；其二是网络对外公开数据。除此之外，各大社交网站比如百度贴吧、微信、微博关于节目的转发量、粉丝数等均可作为确定全屏收视率的依据。

总之，互联网社交平台及应用采集、处理用户数据以及联合分析、挖掘电视节目的音视数据，共同决定着是否可充分利用社交电视的价值。社交电视属于典型的大数据应用。数据显示，国内的视频网站、SNS平台数量、用户规模等参数均要高于国外水平。仅采集部分数据或者仅与某一平台的合作是很难全面覆盖互联网收视行为、互联网电视社交行为的。综上所述，中国社交电视大数据服务的发展非常有必要构建全覆盖、跨平台、独立的社交电视大数据采集与处理平台。①

① 周旭，程耀东．社交电视大数据分析应用及发展[J]．电视研究，2014（5）．

八、社交电视的未来

从未来来看，社交电视将衍生出以下10种形态。

（1）签到观看的节目或频道；

（2）围绕节目的聊天室；

（3）向社交网络、Facebook、微博发送节目；

（4）推荐好友节目；

（5）节目指南；

（6）播出提醒；

（7）节目有关的电子商务；

（8）节目或频道互动；

（9）节目投票；

（10）节目竞猜（quiz）。

第一，对观看的频道和节目进行签到。通过声音识别电视节目从而完成签到，并可以抽奖或者领取实物礼品。

第二，围绕节目的聊天室。我们围绕某一个节目聊天，类似于俱乐部的方式。

第三，发送节目的相关信息到微博、Facebook、推特这样的平台。把节目导航跟相关的朋友去分享。

第四，好友节目推荐，看到好的节目，会把节目推给自己的好朋友。传统方式下观众可能会打一个电话或者发短信，社交媒体中，观众可能会直接把好的节目跟朋友进行分享和推荐。

第五，国内有很多都在做跟节目指南相关的东西，让用户更好地看到电视。在传统方式下，我们要想了解一个电视在播放什么节目，可能要去看《中国电视报》《上海电视报》等，或者上网去看。但是通过移动终端，可以把节目指南通过推荐的方式汇集到观众手机里。

第六，播出的提醒。比如说受众喜欢看英超，APP 可能会设置一个节目提醒，在这个节目开始之前会收到一个提醒，提示 5 分钟之后这个节目要开始了。包括观众喜欢的电影、明星、电视剧等，都可以设置播出提醒的功能。

第七，节目相关的电子商务。这个市场很大。有一年的春晚，某一个女明星穿了一件红色的衣服出场，淘宝上这件衣服的搜索量马上高了几百倍，所以这个节目相关产品的电子商务马上会发展起来。现在越来越多电视剧和电影都有很多植入广告在里面。怎么把这种需求植入广告，跟用户找到某种相关性，这个节目就变成一个广告品牌的宣传片。观众看到这样一件衣服或者这样一款产品，就可以通过社交电视的应用购买相应的产品。

第八，节目投票。对节目的好、坏打不同的星级，对节目本身进行评价。

第九，与频道和节目的互动。一些应用里面，为节目设计一些 A、B、C、D 的选项。比如类似于《非诚勿扰》这样的节目，观众喜欢这个明星，不喜欢这个明星，都是和节目进行互动的桥段。

第十，竞猜节目。比如《开心辞典》之类的节目，可以在节目播出的同时把选题放在社交电视的应用里来推出。参与的受众也可以进行答题，进行抽奖。

这 10 种形态到底对电视行业带来什么影响呢？数据显示，因为社交媒体里有许多跟电视节目相关的信息，所以 17% 的用户开始看电视了。原来可能不看某个节目，但因为社交媒体的推广，受众开始回归电视。有 31% 的用户因为社交媒体提供了相关性，所以他会持续看某一个节目，去追某一个剧或者追某个综艺节目。因为社交媒体影响更多人看电视，所以社交媒体对传统电视来说，拉动用户去看传统电视的帮助是非常大的。①

九、案例：推特的社交电视实践

社交电视无缝结合电视、社交媒体，并使电视成为整个社交媒体中最为重要的组成部分。社交电视可在现有电视内容直接利用屏幕或者其他额外配置的方式提供相关服务，比如电视推荐、文字聊天、语音传播、调查收视率等。

1. 社交电视的发展概况

2010 年，《MIT 科技评论》将社交电视评为未来 10 个最为重要的

---

① 张磊．社交电视的现在与未来 [EB/OL]．（2012-12-07）[2018-09-25]．http://finance.eastmoney.com/news/1586，20121206263211212.html.

技术之一；David Rowan 在评估“2011 六大科技趋势”中将社交电视排为第三位。数据显示，当前全球至少有 1000 多家公司开展与社交电视有关的诸如数据分析、运营、建设平台、技术、广告等各种业务。

《财富》杂志指出 2013 年是社交电视发展最为神速的一年。尼尔森与推特正是在这一年形成合作关系，尼尔森除了调查传统收视率外还针对各电视节目建立了社交媒体收视标准。同一年收购了 Trendrr，次年收购了 SecondSync、Mesagraph、SnappyTV。完成上述收购后，推特成为整个行业的翘楚，权威领导者（见图 4–1）。

公司名称	发展模式	近况
Viggle	核心模式是“看电视得奖励”，被称为“社交电视市场的Twitter”	仍然在运营，网站介绍和客户端强调发现音乐的功能
Shazam	从音乐识别扩展到电视节目识别和社交的应用，号称有3亿用户	主页上把电视社交的特点放在比较靠后的位置
Zeebox	为用户提供电视节目导航的应用	改名为Beamly，且得到康卡斯特（Comcast）支持
IntoNow	电视节目签到软件	被Yahoo收购，2014年1月关闭服务
Miso	记录、分享、讨论热播影视节目的应用	2014年10月关闭服务
GetGlue	用户观看网络电视时签到、进行社交活动的应用	改名为TvTag，2015年1月1日关闭服务
酷云 TV	中国国内较早出现的电视社交工具	强调多屏互动，已成为广告平台
蜗牛 TV	聚合直播、点播等功能	强化内容聚合，弱化社交功能，并且退出了电视版应用
电视粉	偏重直播节目	重视游戏视频社交，开发了Dota和英雄联盟
新浪看点	模仿 Twitter	已关闭
蜜蜂导视	创维旗下产品，向观众推荐内容，并且可与好友分享、互动	强调直播、点播、多屏互动，弱化社交功能

图 4–1　国内外社交电视应用运营状况概览

2014 年发生了一件重大的社交电视事件。艾伦用三星手机发表了一张包含所有奥斯卡影帝影后的自拍照。数据显示该照片在推特转发了 340 万次，同时产生了 4500 名观众。这应该是近 14 年以来奥斯卡颁奖礼最佳的收视成绩了，三星公司也因为该照片获得巨额收入，这充分说明了电视与推特结合的意义之所在。

从某种层面上说，“社交”是社交电视未能获得成功的关键之所在。

社交电视，如 IntoNow、Viggle 等都是以电视为核心。试想一下，如果观众特别想吐槽某一电视节目，首先需要利用手机从节目单列表中翻找该项目，同时不停地签到、抬头看电视、输入聊天信息、低头切换节目又抬头看电视，那么其对电视的体验感必然会因此而被消磨殆尽。显然如此不成熟的技术将给用户带来诸多不便，所以一旦用户拥有更好的选择必然选择放弃。①

2. 推特的独善其身

社交电视市场在过去的很多年里发生了过山车式的变化。平板电脑、智能手机成为观众观看电视的首选。在此背景下涌现出大量创业公司，聚合愿意分享体验的观众。

推特正是这样的公司，而且是众多创业公司中挑战社交电视并获得成功的为数不多的公司。值得一提的是，推特并未将所有精力用于解决社交电视问题。

当下社交电视市场已经日渐夕阳，未来将有很多创业公司消失或者退出行业，被其他公司所收购。比如此前尼尔森成功收购了 Socialguide；GetGlue 与 Viggle 两家公司宣布未来将合并。此外，包括 Miso 的众多社交电视网络正在积极尝试转型，加速相关领域的发展。

从某种层面分析，新兴的社交电视网络之所以会如同昙花一现，短暂的辉煌后失去优势陷入更加艰难的生存空间，分析这与推特所带来的观看电视体验的好处有着很大的关系。虽然当前的推特并未充分利用此

---

① 孟照倩．社交电视风口还在？ Facebook 推电视应用 [EB/OL].（2017-03-10）[2018-09-25].http://chuansong.me/n/1657702352826.

种潮流优势，但是未来必然会更加热衷于行业的发展。

3. 推特的社交元素

当前推特已经积极与节目创作者、电视制片人洽谈建立合作关系，以期加大整合推特电视体验的力度。随着发展基于推特的收视调查不日将走进人类的生活。当前很多真人秀比赛节目就已经呈现出此种变化趋势了，而这也意味着互动将成为电视剧的重要元素，未来观众将获得更佳的网络体验、内容体验。

为了满足上述相关服务，推特积极招募专业人才。其中招聘网站列出了一个专门负责接触电视行业名人的电视关系经理，即推特大使、传道者。该职位的工作地点就是洛杉矶，经常发布与自身电视剧或其他电视节目有关的推特消息。

与知名制片人、创作者合作也是推特的重要目标。它需要在电视节目中整合推特服务。加大与电视行业专人的合作，并推广与剧情有关的消息及其他创造性的使用方法，即执行与管理和创作的相关内容。

此举充分说明推特正在积极尝试利用用户活动创收，虽然从某种层面分析推特尚未大规模地推广相关活动，但是已经形成了此种活动。当前推特标签已经得到部分剧集、电视台的认可，以平台为载体引导用户投票并收集观众的反馈信息。总之，未来的推特具有无限可能。

4. 推特的进击

全美汽车比赛协会与推特共同推出官方赛事页面。在此背景下，众多收视率较高的电视节目上，如《权利的游戏》以及《美国偶像》推出推特页面的情况。其中最大的发展机遇即体现在观众可创造大部分内容，所有原创内容均不依赖于电视台或者推特，同时广大观众也能够因此获得较佳的体验。

推特积极整合并向广告商、品牌厂商及相关机构证明自身的价值。比如尼尔森与推特日前就已经形成了合作关系。广告商可通过设计指标的方式分析社交电视节目的发展情况，并证明是否有必要在推特或者电视台上投放广告。那么推特是不是电视观众首选分享节目体验的社交渠道呢？从某种层面来说，上述两大公司的合作就可全方位地回复外界及观众者的质疑。

每年广告商都会投入数百亿美元用于电视行业的发展。对于推特而言，如果众多广告商以推特社交网络为核心补充或者整合广告预算，这将带来巨大的商机。在推特业务发展中电视将扮演日益重要的角色。[①]

十、结语

毋庸置疑，未来电视同业必将不断向社交电视发展，这体现了观众不再仅仅满足于观看电视，对用电视的需求也越来越大，充分说明了电视价值的变化。在电视深入融合社交后，赋予了电视全新的价值。其价值已经不再仅仅局限于创新电视节目或者生产电视节目内容，而是

---

① TechCrunc. 社交电视市场经历过山车 推特成唯一赢家 [EB/OL].（2012-12-27）[2018-09-25]. http://info.broadcast.hc360.com/2012/12/270837540242.shtml.

更加强调其背后的社交关系，隐藏于电视节目背后的社交关系及电视节目潜在的话题。在此背景下不再强调电视节目的流程、内容以及规则、情节发展，媒介真正的价值则体现在电视内容间的关系及人与人之间的关系。

电视基于电视节目广泛融合于社交。在此基础上充分发挥新媒体的作用，将社交功能植入电视节目中，从而让电视屏幕因为电视节目进一步延伸社交空间，形成了更为丰富的社交内容。简而言之，在强调电视内容与电视观众的互动的同时，重视同时收看电视节目的观众间的互动。综上所述，社交电视中包含如下两种社交关系：其分别是人与电视节目以及观看电视节目的人与人之间的关系。

社交媒体与电视媒体的深入、全面融合是形成社交电视的基本切入点。其根本变化体现在多样态媒介中重新恢复电视的主流媒介作用。换言之，即社交电视属于全新的电视体验，而非全新的电视形态。此种模式颠覆了以往生产电视节目及其传播方式，提高电视用户对电视内容的黏性。客观上说这一方面能够充分挖掘社交工具的作用；另一方面能够赋予电视媒介社交融合的作用，进一步延伸电视内容的社交价值，促进电视与社交媒体的无缝融合成为社交电视最为核心的部分，也是其中最为重要的价值组成。

同时，社交电视的发展有助于促进新媒体与电视的融合，具体体现在如下几个层面：首先，双屏融合发展逐渐取代单纯开发的第二屏幕的融合；其次，在电视内容的形成中电视观众扮演着愈加重要的角色，甚至成为电视内容的“创作者”“主导者”。最后，电视内容逐渐朝着观众与电视内容、观众间的社交关系转变发展。

这些均充分说明电视制作者、电视观众在整个社交电视中扮演着日愈重要的角色：电视观众自主决定介入电视内容；观众通过电视制作者所提供的电视服务介入电视内容。客观上说电视互动只有具备社交能力，才能真正充分发挥职能作用，改变社会关系、生产内容。

从本质上说，电视媒体、社交媒体在媒介竞争环境中呈现出相互竞合的关系特点。社交电视应充分结合自身在电视社交关系中所获得的成果，构建更具独立性的社交关系圈。电视媒体也应转变传统的发展模式，不再仅局限于适应或者改造媒介技术方面，而是更加强调基于设计社交电视的需要，创新媒介技术。

所以电视媒体能否合理运用现代媒介技术，能否科学融合于社交很大程度决定着社交电视的发展。在电视内容社会关系中嵌入电视观众，提高电视观众对电视屏幕的黏性，强化社交关系介入度，并以此为依据构建完善化的社交关系圈。[①] 总体来说，电视的社交化是一个不可逆转的潮流，但是社交电视的发展仍然扑朔迷离、前途未卜；与此同时，具备原创内容和强社交属性的网络视频和短视频已然强势崛起。

---

① 王斌，诸葛亚寒．从“内容生产”到“社会关系编织”——以社交电视的发展为例 [J]. 新闻与写作，2014（1）.

第五章　网络视频与 OTT TV

网络视频或者更广阔意义上的 OTT TV，正成为人们特别是年轻人越来越多使用的媒介和阅读的内容。而这正是当今互联网电视发展最有价值的组成部分。电视越来越突破传统狭义电视概念的范畴，而回归到这一词汇原初的意涵：电力传输的视像。广义的互联网电视主要包括电视盒子、IPTV 和网络视频三种类型。随着近年来爱奇艺等视频网络的强势崛起，人们阅读“电力视像”的传统习惯正在改写。

因此，本章将讨论当代广义“电视”的构成类型；这种多元化的电视进程中不同力量的参与和博弈也颇为引人注目；最后，本章还将描述网络视频的用户特别是付费用户的激增，改变并持续改变着互联网电视的资本运营及其未来发展。

一、广义“电视”的几种类型

1999 年，微软公司推出“维纳斯计划”，提出充分发挥家庭数字网络的高效性引导大众进入网络社会。然而遗憾的是，由于网络带宽以及电视终端处理能力不足等，受当时的技术环境的影响，电视尚未能为用户提供互联网业务，最终该计划破产。但是这个计划首先把互联网娱乐的概念带到了家庭中，开启了互联网电视的序幕。

2007 年，美国网络视频提供商崛起，其中包括 Hulu。在电视端利用具有互联网功能的电子产品为用户免费提供网络视频业务，首次向电视端提供专业的互联网内容。2009 年，世界各地的电视厂商加大推广互联网电视机的力度，并全面提高了其技术水平。2010 年在电视机上内置安装安卓操作系统之后，智能电视终端就得以快速发展。与此同时，该产业的发展吸收了互联网电视产业链各关联方，逐步形成了清晰化的业务模式。这标志着美国成为率先推进互联网电视发展的国家，加之互联网电视市场并没有限制，其成为互联网电视运营商的唯一条件是具备较高的运营能力及资本水平。因此，美国的互联网电视蓬勃发展，涌现出一大批企业诸如 Netflix、Microsoft、Google、Hulu、Amazon，它们与传统电视行业一起都可以开展各种类型的 OTT TV 业务。

OTT TV 在中国的出现模糊了传统广电网络、电信网络和互联网之间的区别，也导致上述各大运营商间展开激烈的角逐，都希望率先掌握该新兴领域的主动权。这种新的电视形式与我国旧有的电视形态相互交融，在现阶段产生了三种电视传播的形态，即电视盒子、IPTV 以及数字电视。正如本书第三章分析的，电视盒子由于政策的限制已经式微，而 IPTV 和数字电视依然是当代电视传播的主流形式。

网络协议电视，简称 IPTV，即交互式网络电视，此类终端形式是基于电视与网络机顶盒、电脑并充分利用宽带通信网络、有线电视网融合了互联网、通信技术、多媒体技术等众多技术，将多种交互式服务提供给广大家庭用户的技术形态。综上分析可知，IPTV 显著区别于电视盒子，两者分别通过虚拟专用网络、公共互联网传输内容。

数字电视，顾名思义是一种基于数字信号完成图像、声音等信息传输的电视系统。相对于模拟电视，该技术将数字传输、数字编码贯穿于采集、制作、传输、播出、编辑以及接收电视节目等各个环节中。[①] 有线数字电视如同自来水一样可为用户提供普遍的服务，而互联网电视是以用户个性化的需求为着入点，其相当于“桶装水”（见表 5-1）。

表 5-1 电视盒子、IPTV、数字电视概念对比

类型	电视盒子	IPTV	数字电视
工作方式	基于电视机的网络模块，集互联网、多媒体通信技术为一体，向用户提供视频、游戏、资讯等服务	利用电信宽带网络，基于电脑或电视机 + 机顶盒的终端方式，向家庭用户提供包括数字电视在内的交互式服务	采用 0、1 形式的数字信号来传输声音和图像的新一代电视技术
核心	带网络功能的电视机	电信服务商参与的自成体系的互动电视服务	现代模拟电视的互动化升级
推动者	盒子厂商	IPTV 厂商 + 电信运营商	有线电视网络运营商
牌照	互联网电视牌照	IPTV 传输服务许可	无

① 郝硕．互联网电视发展模式研究 [D]. 武汉：华中科技大学，2016.

二、网络视频的用户规模

在电视盒子、IPTV 和数字电视之外，网络视频是互联网电视发展最有力的推动者。2018 年 CNNIC 发布相关数据显示，2017 年国内网络视频和手机网络视频用户分别较 2016 年增加了 3437 万、4870 万，分别达到 5.79 亿、5.49 亿，其分别占网民总体、手机网民的 75%、72.9%（见图 5-1）。

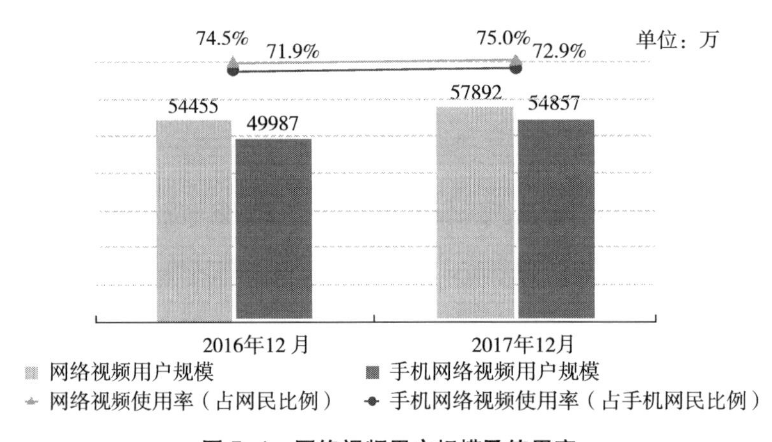

图 5-1　网络视频用户规模及使用率

业界人士普遍认为乐视网于 2004 年在北京上线标志着国内专业视频网站成形。此后，2005 年土豆网，2005 年 PPLIve、PPS 以及 2006 年优酷网成立了视频网站，上述各家平台共同构成国内网络视频发展的基本格局。

2010~2015 年被称为专业视频网站发展最为神速的 5 年。这 5 年中发生了众多大事件，比如 2010 年爱奇艺上线；2011 年腾讯视频上线；

2012年土豆与优酷合并；2013年PPS被百度收购，同一年合并爱奇艺；2014年芒果TV成立；2015年优酷土豆被阿里收购等。这些均是行业发展的大事件，标志着国内BAT三巨头视频网站正式形成矩阵模式。

2017年，国内网络视频行业总体发展良好，用户显著提升了付费能力。数据显示，相较2016年，2017年国内网络视频用户付费比例增加了7.4%，达到了42.9%。与此同时，用户获得了较高的满意度，其满意度可达到55.8%。按照当前的发展趋势来看，未来整个行业仍将保持良好的发展趋势。2017年将持续推进生态化、精品化、移动化网络视频行业发展。

对比2016年，网络视频呈现出日趋显著的移动化发展特点。就民众使用终端设备的情况分析，当前各类设备比如平板电脑、电视、手机给用户带来的视频体验日趋同化。而随着手机屏幕的增大，加之其在碎片化、私人化等相关方面均表现出一定优势，所以越来越多的消费者选择用手机观看视频。分析视频类应用的发展情况，2017年移动端视频应用，比如快手得到了最为快速的发展。这其中包括今日头条、360、阿里等厂家积极布局该领域发展。

内容方面，网络视频日趋精品化、正规化发展。国家新闻出版广电总局强调正规化内容。相关数据显示，仅上半年就处理了155个涉嫌违规的网络原创节目，同时明确禁止以任何形式，如“删减内容花絮”“未删节版”等方式播放未经验证合格的电视节目，通过这些举措将进一步规范行业发展。精品化内容主要体现在优酷、爱奇艺等众多平台与海外版权方，比如索尼影视、Netflix 等形成了内容授权协议。简而言之，即国内的相关平台引入正版视频资源，并以此为依据夯实自身内容竞争力。

深化生态化网络视频发展。2017 年，爱奇艺、阿里、腾讯等视频厂家先后发布了创作设计视频内容、投资视频内容等方面的发展计划。在制作布局视频内容的基础上不断推进全产业链发展，充分发挥原创、独家内容的优势全面吸引广大受众。网络视频企业还高度重视与视频行业外部的合作，尤其是在游戏、电影、漫画、文学等方面的合作，凸显生态化平台的商业价值及整体协同能力。[①]

三、关键：付费用户

2004 年乐视正式推出视频个人付费业务，在此基础上构建了“免费 + 付费”的模式，开创了视频付费市场的先河。但当时并未取得较好的成果，直到近几年该模式才真正迎来发展的高峰期。2015 年，爱奇艺率先尝试付费业务，即以付费的方式向受众开放《盗墓笔记》。此后，各大视频平台掀起了争抢付费用户的战争。数据显示，当年该剧播出 5 分钟后就获得了 1.6 亿次的播放请求，VIP 开通请求更是达到了上百万次。爱奇艺播放系统、会员支付系统一度被用户挤爆。

① CNNIC 第 41 次调查报告：网络视频 [EB/OL].（2018-01-31）[2018-09-25]. http://tech.sina.com.cn/i/2018-01-31/doc-ifyrcsrv7199115.shtml .

不久爱奇艺又抓紧机会推出了《余罪》《来自星星的你》等系列网剧，在吸引粉丝的同时进一步扩大优势。2015 年 6 月，平台宣布已经积累了 500 万会员，2016 年 12 月，平台的会员数目达到 1000 万。2016 年 6 月，该数字又突破到了 2000 万。数据显示，当年爱奇艺的广告收入、用户付费已基本持平。

2017 年，爱奇艺招股书披露，其付费会员数为 5080 万，反映在营收上，爱奇艺的会员收入占比提升。爱奇艺 2017 年会员服务营收为 65.360 亿元（约合 10.046 亿美元），较 2016 年的 37.622 亿元增长 73.7%，2015 年为 9.967 亿元人民币。会员服务营收所占总营收的比例从 2015 年的 18.7% 上升至 2016 年的 33.5%，并进一步上升至 2017 年的 37.6%。因此会员收入正逐渐取代广告，成为爱奇艺营收的支柱。

付费会员的数量是视频网站营收和盈利的关键，爱奇艺是这么做的，其他几家也是如此，大家在会员上的竞争也早已是白热化状态。

爱奇艺自 2011 年以来就积极探索视频会员服务。2016 年宣布平台拥有 2000 万 VIP 会员；2017 年百度公布的相关数据显示，该数据已经突破 3000 万。最新公布的 5080 万付费会员在已经披露的几大视频网站中领先。不过，腾讯视频和优酷在付费会员上也是紧追不舍，2017 年腾讯视频曾披露其会员数已经达到 4300 万，而优酷最后一次官方公布会员数是 2016 年，当时的数据是突破了 3000 万。①

在过去的一年里，视频行业付费经历了以流量为核心的圈地运动，

① 视频网站行业亏损严重 视频网站的钱都烧到哪去了？[EB/OL].（2018-03-01）[2018-09-25]. http://www.scbzol.com/content/56762.html .

以及围绕付费业务而抢占市场的发展格局。从业者认为平台的内容质量很大程度取决于付费会员数量。2017 年，各大平台重金打造或者购买优质的内容。2017 年爱奇艺发布了大剧策略，发布了多部重量级大剧，这其中就包括《凤求凰》《无证之罪》等。2017 年，腾讯视频进一步加大自制投入，其投入力度相较 2016 年增加 8 倍，其中自制综艺、自制剧、自制动漫、自制纪录片分别增长了 140%、65%、100%、233%。当年还推出了系列热门网剧，比如《使徒行者 2》等。各大视频平台逐渐进入了以内容为核心的竞争阶段。

《2017 中国网络视听发展研究报告》指出国内已经形成了付费意识，现有用户中曾经为视频付费的达 42.9%，且当前仍保持着这样的发展趋势。值得一提的是，现有未付费群体中认为只要有想看的内容就会付费的用户占 25.5%；另外认为在“一年内，自己会付费观看网络视频的用户”达到 5.2%。此外也有研究认为截至 2020 年，国内的视频付费会员将进一步扩大，有望突破 2 亿人，届时将形成超过 500 亿元的市场规模。①

2018 年 2 月底，爱奇艺宣布付费会员规模达 6010 万后，腾讯视频紧接着宣布，截至 2018 年 2 月 28 日，其付费会员数已达 6259 万。付费用户的迅猛增长似乎为网络视频的飞速发展打开了一片蓝海。

---

① 腾讯视频、爱奇艺相继公布付费会员数据，付费市场爆发了？[EB/OL].（2018-03-19）[2018-09-25]. http://www.sohu.com/a/225890751_117373.

四、连年亏损及其盈利未来

虽然付费用户众多、网络剧与网络综艺火爆，但用户对视频网站本身并不具有很高的黏性（B 站这类社交类视频网站除外）。因此优质的内容产品才是视频网站获取付费用户和收入的主要保障，就像《一起同过窗》第二季播放平台就从腾讯变作优酷。同理，在网络综艺上如果腾讯的《见字如面》变成了优酷的，爱奇艺的《奇葩说》成了腾讯的，用户也只会追随节目而去，而不是留存在原视频网站。这种情况下，优质的作品的版权内容就变得重要。

内容上的投入也使爱奇艺的成本高企，长时间出现净亏损。数据显示，2015 年爱奇艺的净亏损额达到 25.75 亿元；2016 年达到 30.74 亿元；2017 年亏损额度进一步增加甚至达到了 37.369 亿元。而上述各年对应的总营业收入分别为 53.186 亿元、112.374 亿元、173.784 亿元。这在一定程度上说明，爱奇艺总体上可正常控制亏损，收入的增长速度大于亏损的速度，且亏损的幅度在不断缩小，2016—2017 年两年的净亏损较总收入的增速小，基本维持在 20% 左右。

实际上，大型视频网站亏损是行业的普遍情况，优酷土豆、腾讯视频也不能避免。2017 年，阿里大文娱的相关数据显示，其第四季度的亏损达到 38.28 亿元，主要可细分为阿里影业、UC、优酷土豆等各个板块，但显而易见的亏损大头是优酷土豆。腾讯在 2017 财年第二季财报和中期业绩发布后承认 “在线视频业务恐怕需要很长一段时间，才能实现收支平衡”。

2018年，腾讯视频版权预算250亿元，而其他平台也不甘示弱，优酷版权预算300亿元，爱奇艺100亿元。据悉，2018年为了获得版权扩大影响力占据更多市场，优酷和腾讯视频做出了亏损80亿元的预算，爱奇艺或碍于谋求上市的原因做出的亏损预算少很多，为30亿元。

目前，爱奇艺营业收入主要可细分为如下四大部分：其一是会员服务；其二是在线广告服务；其三是内容分发；其四是其他部分。其中在线广告服务为爱奇艺带来最大的营业收入。该项业务在2015年一共为平台创造了33.99亿元的营业收入；2017年，该值达到81.58亿元以上。对比分析可知，短短三年间其涨幅达到140%以上。尽管广告业务增长迅速，但其在爱奇艺营业收入中的总体占比却在不断下降，从2015年的63.9%下降到2016年的50.3%，2017年更是下降到46.9%，首次降低至一半以下。

与此同时，会员服务收入达到65.36亿元（折合10.05亿美元），同比增幅达73.7%，占比由2015年的18.7%、2016年的33.5%提升至2017年的37.6%。

广告业务占比和会员收入占比的“一降一升”显示出了爱奇艺业务健康成长的态势。因此，亏损的不断收窄，收入的大幅上涨，广告和会员收入的占比变化，都在很大程度上为爱奇艺未来实现盈利提供了信心。①

---

① 爱奇艺要IPO了：为什么连年亏损却说它成长健康？[EB/OL].（2018-03-01）[2018-09-25].http://baijiahao.baidu.com/s?id=1593732249758710787&wfr=spider&for=pc.

五、案例：爱奇艺的产业发展之路

爱奇艺是如今市场份额最大的视频网站，它于2010年以“奇艺”为名成立，2011年更名为爱奇艺。2013年，获得百度支持后爱奇艺与上海视频网站PPS合并，此后其市场份额不断提升，当前已领衔成为我国视频行业的“前三甲”。另外两个平台分别是优酷和腾讯视频。2018年3月，爱奇艺在美国纳斯达克上市，融资金额达22.5亿美元，总市值为110亿美元，付费会员超过6000万。与之对比，世界第一视频网站奈飞公司已在全球积累1.25亿会员，市值超过1300亿美元。

尽管已在美国上市，但数据显示2015年爱奇艺净亏损额达到25.75亿元；2016年达到30.74亿元；2017年其净亏损额达到37.36亿元。那么问题来了，当时的爱奇艺处于连年亏损的状态下，又何来百亿美元的估值呢？

不断扩大成本与营业收入，净亏损率放缓。通过分析爱奇艺的招股书发现，2015年其营业收入为53.18亿元；2016年该值则达到了112.37亿元；2017年为173.78亿元（见图5–2）。

有观点认为，在头部众多视频网站中，爱奇艺最大的成功之处体现在最早尝试付费会员模式。爱奇艺的营业收入主要可细分为如下众多部分：其一是会员服务；其二是在线广告服务；其三是内容分发；其四是诸如网络文学、游戏、直播等方面。前三项已经为爱奇艺带来了90%的收入，特别是其中的会员服务收入仍在不断增加之中（见图5–3）。

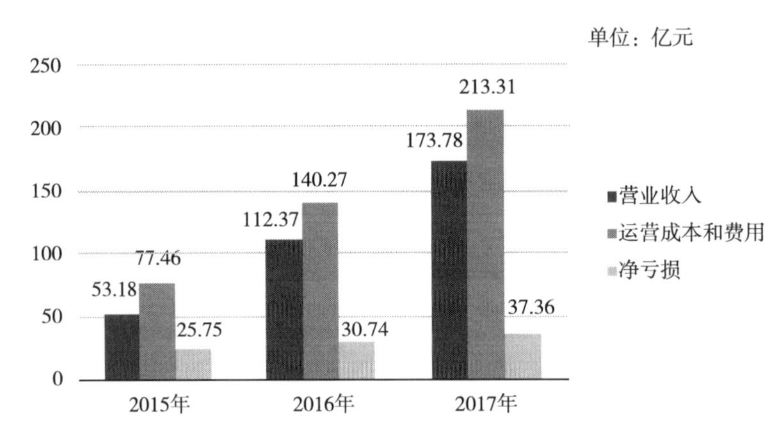

图 5-2　爱奇艺的营业收入、成本和亏损数据（2015—2017）

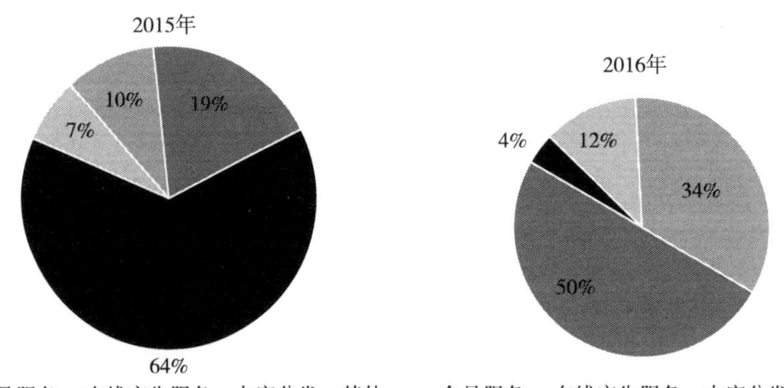

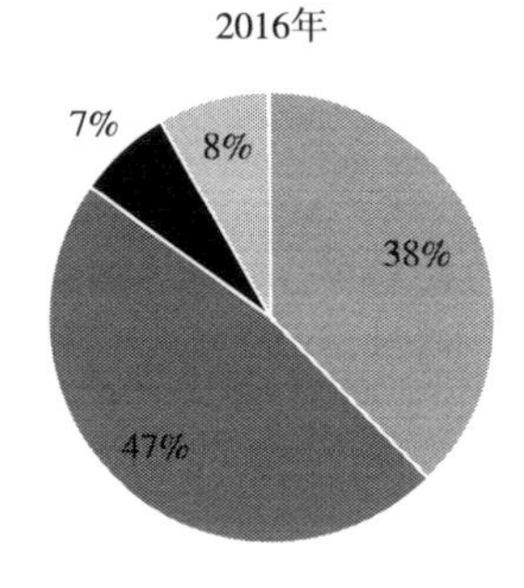

图 5-3　爱奇艺的分类收入比例（2015—2017）

2015 年、2016 年爱奇艺的会员收入分别为 9.7 亿元、37.62 亿元，其增长幅度达到了 277.5%。2017 年仍保持着较高的增长速度，当年会员收入达到 65.36 亿元，相较上年增长了 73.7%。2016 年爱奇艺的其他总收入为 19%，2017 年该值达到了 38%。2015 年，爱奇艺在上述“其他”部分成立了爱奇艺文学。2016 年推出了游戏、奇秀直播等等。2017 年爱奇艺推出自制综艺节目《中国有嘻哈》。数据显示，仅最后一期节目的 60 秒广告就创下了 4500 万元价格的纪录。

视频网站的广告服务无疑是最为主要的收入。在爱奇艺营业收入中广告服务也占据较大的比例。其中 2017 年为 81.58%，该数据相较 2016 年锐减了 17%。娱乐方面，爱奇艺主要以商城、游戏、文学、动漫、直播等业务为主。但是就目前的实际收入来看，爱奇艺并未因此而获得较好的收入。

在联合业务方面，与腾讯视频、优酷等对比，爱奇艺则要处于弱势地位。其中腾讯视频是与腾讯游戏，独角兽阅文集团等网络文学界大咖形成盟军。优酷更是有阿里、大麦、阿里音乐等大文娱集团的协同帮助。而爱奇艺并不具有这方面的资源，其除了流量、百度之外几乎没有其他支持了。

依靠游戏业务的视频网站哔哩哔哩在近几年的发展中表现出良好的发展势头，特别是其收入呈现出指数级的增长。在总营业收入中游戏收入占据较高的比例，而这也充分说明在泛娱乐拓展方面爱奇艺仍具有较大的发展空间。

但是在发展的同时爱奇艺也面临着各项巨额支出，比如逐年增长的运营成本及各项费用。其中 2015 年为 77.46 亿元，2016 年为 140.27 亿元，2017 年为 213.31 亿元。综上分析可知，2016 年的支出增长比例达到 80.7%；2017 年支出比增加了 52.07%，其增速有所放缓。

带宽、内容是爱奇艺在招股书中所形成的主要成本。其中，2016 年、2017 年内容成本占据当年营业收入的 70%（见图 5-4）。爱奇艺称未来将持续增加成本，生产出更优质的内容，同时将扩大用户基数及规模。

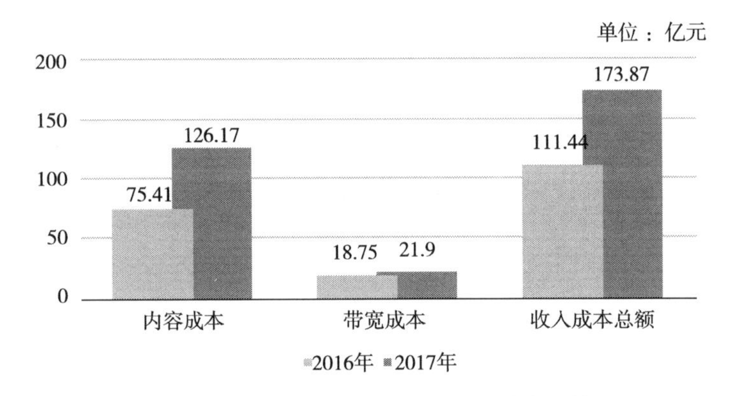

图 5-4　爱奇艺内容费用和带宽成本的变化情况

爱奇艺 2015 年净亏损达 25.75 亿元；2016 年为 30.74 亿元；2017 年为 37.36 亿元。综上分析可知，其净亏损率呈现出逐渐缩小的变化特点，其中 2016 年、2017 年的净亏损增长幅度均为 20%，该数据相较于总收入的增速较小。这充分说明爱奇艺在不断提升资金的使用效率。值得一提的是，爱奇艺并未明确预计盈利的时间。风险提示，显示爱奇艺自创立以来就长期处于亏损且未来将有可能持续这一情况。

可喜的是，三年内爱奇艺付费用户数增加了4倍，达到了5080万。对于各类互联网内容提供商、视频网站而言，增加会员收入、拓展付费会员无疑是获得可持续发展的重要基础。过去三年里，平台的付费会员数量呈现出逐年增加的变化趋势。其中2015年至2017年平台的付费会员分别达到1070万、3020万、5080万。综上对比可知相较2015年，2017年平台的付费会员数量增加了4倍以上（见图5-5）。

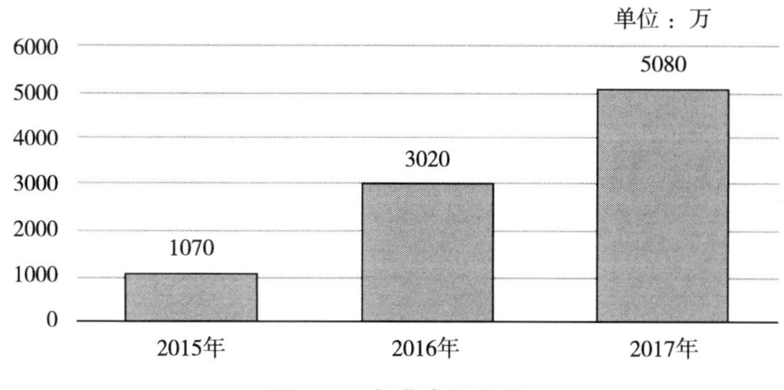

图5-5 付费会员数量

作为国内率先培育用户视频付费习惯的网站——爱奇艺在网罗付费用户方面更加强调区别性与“爆款”排播策略。比如2015年推出的《盗墓笔记》，会员可随时提前观看该剧所有内容，而非会员则只能每周定期观看一集。这也是国内首部差异化排播模式的网剧。该剧的播出获得了一致好评，云集了唐嫣、杨洋等众多娱乐明星。数据显示，仅发布24小时后，平台观看次数就超过1亿人次，因此增加330万付费会员。

2016年，以会员免费同步播出的方式引进并播出《太阳的后裔》。

该剧在短时间之内就得到了广大用户的喜爱。此后又推出了《来自星星的你》，两者非会员均延迟一周观看。当前观众普遍只有通过购买会员才可看到优酷、腾讯 、爱奇艺的独家电视剧和优质电影。在优质内容付费这一概念的影响下，形成了诸多与该概念有关的知识经济形态。

发展中的爱奇艺通过各种方式积极扩大收入规模、提高付费会员的渗透率，将从单一的会员套餐拓展到多层次的付费模式。只要成为平台的会员即可根据自我需要选择各种垂直内容付费，通过这样的方式满足了广大会员用户个性化、多样化的需求。与此同时，爱奇艺称未来将更加重视体育、ACGN、教育等具有更多内容资源以及巨大的盈利能力的平台的发展。

2015 年爱奇艺每月活跃用户数达到 3.6 亿；2016 年达到 4.05 亿；2017 年该值达到 4.21 亿。另外 2015 年平台单日活跃用户达到 0.88 亿；2016 年达到 1.25 亿；2017 年达到 1.26 亿（见图 5-6）。

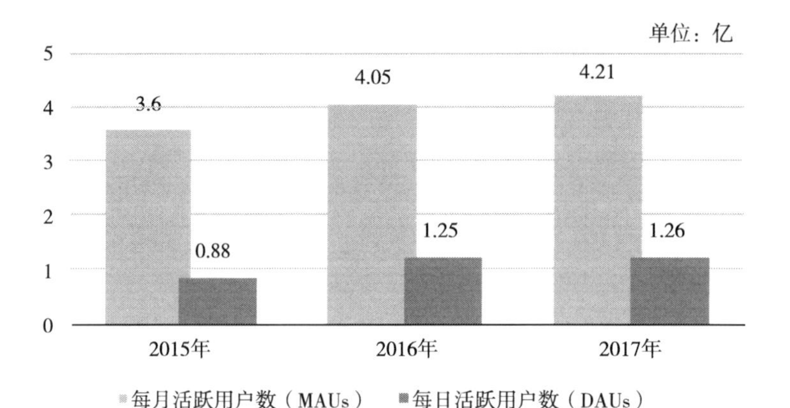

图 5-6　爱奇艺活跃用户数据

综合上述，相关资料可充分说明每月活跃用户数的渗透率情况，其中 2015 年达到了 2.97%；2016 年达到 7.4%；2017 年达到 12%。综上分析，2017 年用户平均每天有 1.7 个小时用于观看爱奇艺平台的节目。

龚宇发表的演讲中就月度覆盖设备这一指标分析爱奇艺在中国移动互联网各类 APP 中排名第三。其中第一名是微信；第二名是 QQ。很多人只知道龚宇是爱奇艺的创始人，其实龚宇还有很多身份，他是清华大学工科专业博士，日常的龚宇性格沉稳，为人低调。本次演讲中龚宇也指出未来爱奇艺将不断超越，争取成为覆盖设备数排名首位的 APP，即超越现在的微信。①

据《2017 年中国移动互联网年度报告》中的相关数据显示，在线视频头部 APP 用户 2017 年仍保持着较快的增长速度，其中用户规模超过亿级的其一是爱奇艺；其二是腾讯视频；其三是优酷土豆。爱奇艺在第一阵营中就以月活跃用户规模超过 4.63 亿的好成绩成为行业第一。其精品自制内容如《无证之罪》《河神》《中国有嘻哈》等均得到广大网友的一致好评。但是爱奇艺同上述其他网络视频一样，在表面一切看似发展的背后，其仍未真正创造盈利。招股书显示，2015 年爱奇艺的净亏损额达到 25.75 亿元；2016 年达到 30.74 亿元；2017 年达到 37.37 亿元（见图 5–7）。因此，本案例将分层次讨论以下问题。

---

① 爱奇艺近 3 年每年巨亏超 25 亿 为何估值超 600 亿元？ [EB/OL].（2018–03–04）[2018–09–25].http://money.163.com/18/0304/21/DC397OJP002580S6.html.

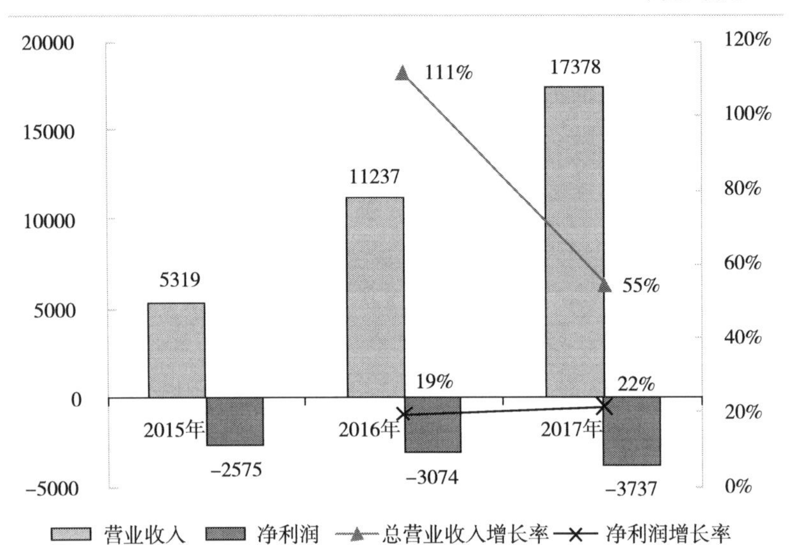

图 5-7　爱奇艺亏损持续放大（2015—2017）

1. 我们首先得弄清楚它究竟是如何挣钱的？

爱奇艺收入迅猛增长的主要驱动力就是会员收入的快速提升。自2015年来，付费会员模式逐渐得到消费者的认可，2015年爱奇艺付费会员数只有1070万，到2017年达到5080万，超过10倍的增长。招股书显示，爱奇艺2015年的总营业收入达53.186亿元；2016年为112.374亿元；2017年达到173.784亿元。其中2016年的会员收入为37.622元，2017年增长了73.7%，达到65.36亿元。2015年，爱奇艺的会员收入占平台总收入的18.7%；2017年，该收入占比达到37.6%。

而付费会员制的迅猛发展得益于三个方面。

（1）消费升级，也就是年轻人们越来越不在乎一个月十几块钱的会员费支出了；

（2）正版化进程的推进，盗版被禁导致用户被迫消费正版；

（3）移动端广告越来越多，会员免广告吸引力很大。

随着这三个方面的继续推进，华创传媒预计 2020 年其会员数将突破 1 亿，这将为爱奇艺带来巨大的收入增长。

此外，在线广告业务是爱奇艺获得营业收入的主要业务。数据显示，2015 年该业务为爱奇艺带来了 33.999 亿元的在线广告业务收入；2016 年达到了 56.504 亿元；2017 年则达到 81.589 亿元。其中 2016 年的增长率 66.2%，而 2017 年的增长率虽有所降低，但是总体上也达到了 44.4%。

2. 既然增收，爱奇艺的钱到底亏损到哪里去了呢？

长期增收不增利的原因就是内容成本太高，完全抵消了收入的增加。

视频网站其实并不真正拥有客户，内容为王导致视频网站对上游的议价能力很低，再加上用户的忠诚度极低，爱奇艺等视频公司将收入全部投入了内容采购（见图 5-8）。

单位：亿元

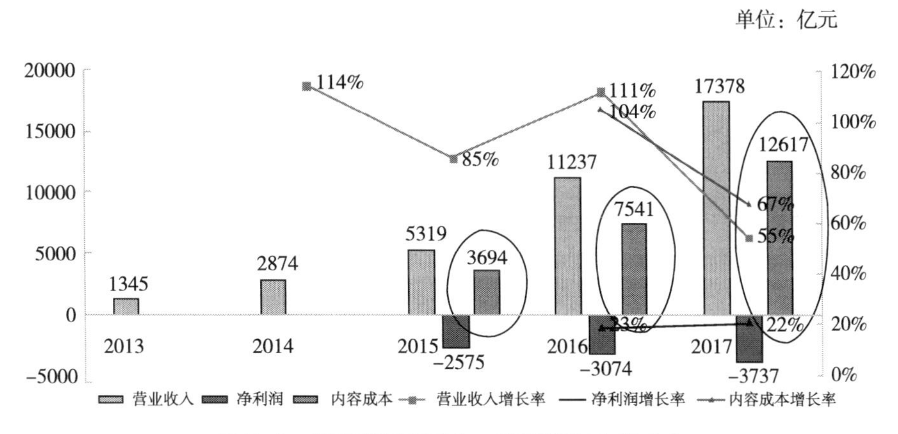

图 5-8　爱奇艺历年收入、净利润和内容成本

3. 公司持续亏损又是怎么坚持下来的呢?

2010 年爱奇艺正式上线。事实上该平台自上线以来就自带光环。当然，之所以能够自带光环很大程度源于其由百度投资组建。2011 年前后，百度先后对爱奇艺增加了两次投资。其中 2012 年一举拿下爱奇艺最大股东的身份。2013 年百度斥资 3.7 亿元购买 PPS 视频业务并与爱奇艺合并，以期通过这样的方式全面提升自我竞争实力。2014 年雷军也入股爱奇艺，其投资资本达到 18 亿元。同一时期百度再次追加投资。

招股书中首度披露了爱奇艺的股权结构：当前爱奇艺的最大股东是百度，其持股比例达到 69.6%；小米持有股份达 8.4%，而其创始人龚宇仅持股 1.8%。2017 年 2 月完成 15.3 亿元可转债认可。而百度、IDG、润良泰基金、博裕资本等均在此次可转债认购的范围之内。这笔可转债已经被转化成为爱奇艺股权。值得一提的是，爱奇艺的董事会包括李彦宏、陆奇、王川。

所以，虽然爱奇艺整体亏损并将在三年内继续扩大，但 BAT 承受亏损的能力也是在不断提升的。

李彦宏曾经就爱奇艺亏损的情况发表了重要讲话："毋庸置疑，爱奇艺尚未能获得盈利，但是对比竞争对手，我们的亏损要少很多。2017 年阿里的相关数据显示，阿里大文娱亏损额度达到 38.28 亿元。"业界普遍认为优酷土豆是引起上述亏损的主要原因 。2017 年，刘炽指出在线业务已经处于收支失衡的状态，且这样的状态仍将需要持续很长时间。

许杉认为如果从亏损规模的层面分析，爱奇艺比腾讯视频、优酷土豆等平台要幸运得多了。且当下的爱奇艺正在努力通过各种方式，积极形成多元收入结构并重视付费会员的发展，努力缩小亏损幅度。

视频行业的商业模式缺乏黏性。由于用户的关注点在内容上，对渠道的敏感性很低，而用户又决定了流量。因此内容厂商在出售内容时，基本上就是价格优先。归根结底，流量的核心来源还是资本（见图 5-9）。

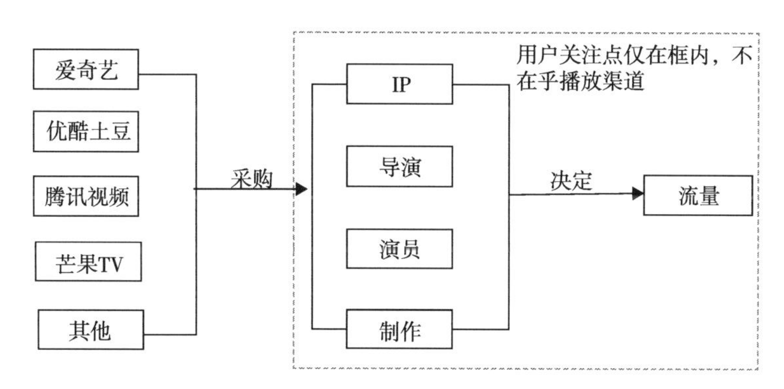

图 5-9　观众选择内容逻辑图

这也就说明了为什么百度的爱奇艺、腾讯的腾讯视频和阿里的优酷能够占据在线视频前三强了（见图 5-10）。

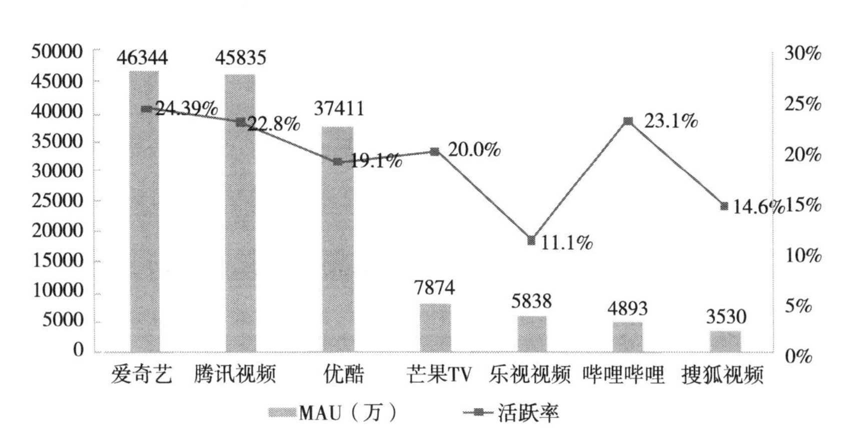

图 5-10　2017 年 12 月主要在线视频月活人数及活跃率

和国外情况不同，美国的视频巨头一家独大，市值已经达到了1300亿美元。如果中国市场能够角逐出一家“Netflix”，对上游有强大议价能力，对下游用户形成巨大黏性，保守估计市值也要达到500亿美元。

目前我国这三巨头正面临着“囚徒困境”，都不投入则都不继续亏损，但是一方又担心其他家投入挤占自己份额，为了有机会将前期投入变现，各方就都继续投资。鹿死谁手，就看BAT大佬们承受亏损能力的排名了。

摩根大通于2017年发表相关文章指出2019年爱奇艺有望全面实现盈利。一旦爱奇艺成为第一家在线视频行业盈利企业，资本市场将对其进一步高溢价估值。爱奇艺认为平台需要花费较长的时间才有可能让现有投资者获得回报。这是因为高质量的电视节目是需要时间来沉淀的，只有经过时间的沉淀才能创造出高质量的电视节目，而这是获得回报的基本条件。然而国内优质内容的交易价格正处于不断上升的状态中。爱奇艺坚定地认为只有坚持自制内容，才能够有机会扭转当前不利的局面，如若不然将有可能陷入更加被动的发展中。[①]

六、结语

① 爱奇艺为何持续亏损？一文看懂视频行业的商业模式[EB/OL].（2018-03-12）[2018-09-25].http://guba.eastmoney.com/news，cjpl，748950489.html.

电视不是被革命而死亡，实质上电视是泛化了。狭义地通过有线网络在电视机上定点定时收看电视的行为快速走向式微，取而代之的是人们在网络视频、OTT TV、短视频上花费了大量的时间。通过网络电视直播、电视果这样的投屏神器，电视传播逐渐被网络取代，电视机本身也将成为网络内容输出的众多终端中的一个。电视处在这样一个急剧变革的十字路口，多元的参与者构成了一个极尽微妙的博弈场：有线电视还在负隅顽抗，电视盒子和网络视频等一波波的冲击排山倒海，中国特色的牌照方还承担了特殊的把关人的角色。因此，互联网电视的道路还是应了那句老话：前途是光明的，但道路仍然曲折。

网络视频不但已经成为近年来人们越来越常观看的内容，它的用户群及其对产业的冲击也足够令人吃惊。网络视频的用户数已过6亿，超过中国互联网用户总数的70%。而且具有标志性意义的是，在头部的几家视频网站中，其付费用户数均已超过6000万。这不仅吸引了腾讯、百度和阿里的入局，也改良了网络视频的多元收入结构，使行业朝向一个可持续的良性方向发展；长远来看，这也将本质性地决定中国互联网电视的未来。

第六章　短视频

从播放量、覆盖人群以及制作体量等各个方面分析，短视频行业均具备可媲美视频网站和传统电视台的节目，成为内容领域不可或缺的重要力量。数据显示，当前整个行业中拥有 2 万 ~ 2.5 万家制作团队，整个行业呈现出显著的马太效应，即金字塔结构。而金字塔底层中至少有 2.3 万家内容团队；综合能力突出且在新媒体内容行业领跑的内容团队仅 10 多家；直到当前尚未有新媒体内容团队处于塔尖位置。显著的马太效应是短视频行业最大的特点。在行业所有播放量中金字塔头部节目只占据很少的部分，而金字塔底端庞大的团队其播放量总和占比小于 50%。本章先对短视频的行业现状进行简单描述，然后对其发展的阶段、类型以及传播特点进行分析，最后讨论了短视频的用户构成以及新技术在短视频应用中的未来。

一、短视频及其行业现状

1. 什么是短视频

短视频是在互联网新媒体上传播的较短时长的视频内容，时间从数秒到十几分钟不等。随着移动端的普及和网述的提升，短平快、大流量的传播内容逐渐获得粉丝、资本和大平台的青睐。短视频具有创作门槛低、社交属性强和场景便捷的特征，更加匹配移动互联网时代碎片化内容消费的习惯。

短视频一般在各种新媒体平台上播放，因为其高频短时推送，所以特别适合在移动状态和短时休闲状态下观看。其内容可细分为各类主题，比如商业定制、广告创意、街头采访、热门热点、时尚潮流、公益教育等。同时由于其内容通常较短，所以可结合实际需要被制作成系列栏目或者单独成片。

2. 短视频的产业链

短视频产业链有三个核心端：内容生产端、平台端、分发端，内容生产商给平台端提供内容，平台端通过自有平台分发，或内容生产商直接在平台端和分发端分发。短视频的内容生产模式包括 UGC、PGC 和 MCN 三种，它们共同构建了短视频内容生产的三层金字塔模型：①广大 UGC 用户以社交满足为主，不追求极致商业化，构成内容金字塔的底部生态；② PGC 通过专业生产和运营成为最具价值的头部内容创作者，当前正逐渐向垂直化和精细化领域寻求突围，占据内容金字塔的顶端；

③ MCN 则主要为中高端内容创作者提供 IP 版权管理等服务，保证内容创作的高品质，成为内容金字塔的腰部。

目前，内容生产端由原先的“UGC+PGC”向“UGC+PGC+OGC”转型，平台端主要包括综合性社交平台、摄影工具型平台和短视频聚合平台，分发端有中心化分发、资讯智能分发，即在大数据基础上的个性化推荐以及社交分发。目前短视频的商业变现模式主要有广告营销、付费分成、电商和 IP 变现（见图 6-1）。

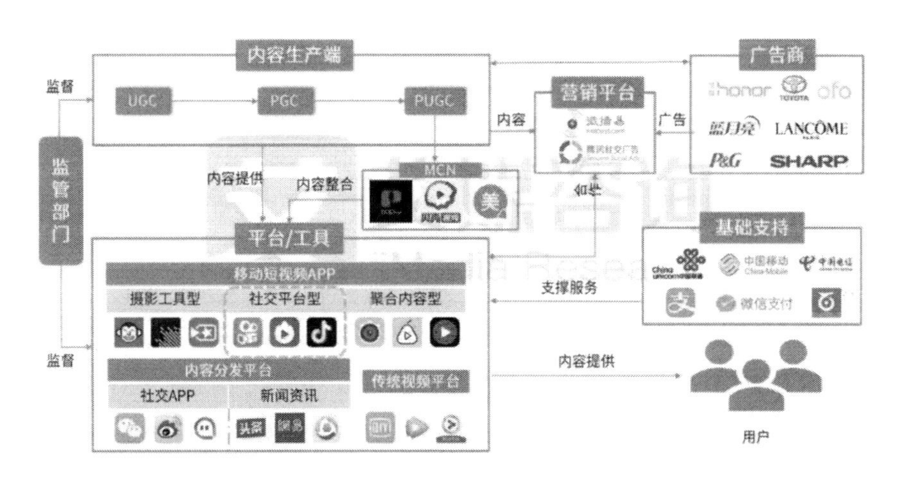

图 6-1 短视频产业链

3. 短视频行业

（1）短视频行业现状。在移动互联网不断成熟、普及的今天，消费者形成了日益强烈的网络社交需求和不断增大的互联网内容消费，形成了日益成熟的消费习惯。移动互联网用户的普及和流量的增长，使碎片化时代的触网体验得以保障，打破了视频消费的时间和空间局限，推动着短视频行业的快速发展。

随着短视频市场迎来创业新风口，短视频行业向内容多元化发展，各大互联网巨头纷纷布局短视频业务，短视频行业融资量呈井喷态势（见图 6–2）。

	平台布局		内容布局
腾讯系	QQ空间 微信朋友圈 快手	投资快手3.5亿美金 各大社交平台布局短视频	· 2016.9 10亿补贴短视频 · 2017.11 腾讯内容开放平台正式启动
新浪系	秒拍 酷燃	新浪和秒拍深度合作，将其作为平台内置播放	· 联合MCN机构成立“创作者联盟”，布局头部内容 · 2016.9 1亿美元补贴短视频
阿里系	淘宝 土豆	淘宝二楼短视频营销 土豆转型短视频平台	大鱼号 大鱼号改版，内容培育计划上线
头条系	西瓜视频 火山小视频 抖音 muse	多产品打通短视频细分市场	FLIPAGRAM · 2016.9 10亿补贴短视频 · 收购美国移动短视频创作者社区Flipagram
百度系	好看视频 秒dǒng 知识短视频平台·秒懂百科		时光网 人人视频 · 战略投资海外短视频内容社区人人视频 · 联手时光网打造影视文化PGC短视频内容生态
360系	快视频 快剪辑		· 2017.11 “100亿扶持基金”计划

图 6–2　2017 年巨头互联网企业短视频布局情况

（2）快手领跑短视频 APP 市场。快手仍然是短视频领域当之无愧的王者。2011 年快手正式成立，截至 2018 年该平台已经形成了超过 2 亿的月度活跃用户。2016 年上线的抖音，截至 2018 年 2 月月度活跃用户已超过 1 亿。高度活跃的月活用户助推快手和抖音突破重围，成为国内最大的两家短视频平台（见图 6–3）。

不同于广泛流行的网红效应，快手充分发挥技术优势，研发去中心化的分发算法。不再根据用户粉丝量的大小推荐热门，而是根据内容的互动性、有趣性等多维度计算，让每个用户都能平等获得热门推荐的机会。正是如此的技术特点和对用户的精准理解，为快手带来一大批忠实用户。

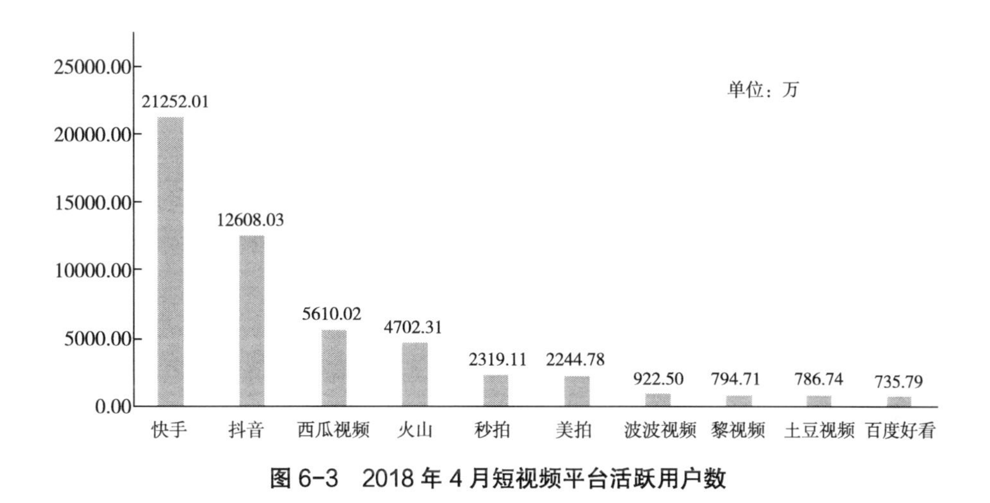

图 6-3　2018 年 4 月短视频平台活跃用户数

另外，快手利用 AI 技术深度理解视频内容和用户需求，开发出一系列能够吸引用户深度参与的新体验，比如之前火爆网络的明星换脸小游戏，吸引了千万快手老铁的热情参与。

公开资料显示，快手累计注册用户已达 7 亿，单人日均使用时长超过 60 分钟，日均视频上传量超 1000 万条。不断更新的海量视频，庞大的用户基数，快手记录下大千世界中的每一面，俨然已成为全民记录与分享的平台，领跑短视频行业发展。①

如果把短视频行业里的“网红”快手和抖音相比较，快手定位平民化，着重在捧红人物，强调视频发行的数量，行为相对低调；而抖音定位年轻化，着重捧红内容，强调视频制作的质量，而行为相对高调。

快手的短视频内容中，通常人物是用户关注的核心因素，只要人物

① 中商产业研究院 . 2018 年中国短视频行业研究报告 [EB/OL].（2018-04-19）[2018-09-25].http://www.askci.com/news/chanye/20180419/144321121804.shtml .

本身受到认可，用户就会选择持续关注这个人物生产的内容，这也是快手内大量人物拥有众多粉丝和点击率的重要原因。快手捧红了人物，但在面临有关部门要求封禁违规网络主播，对其造成一定程度的用户流失的影响下，如何解决用户对于人物的黏性，对快手提出了挑战。抖音的短视频内容中，通常内容是用户关注的核心因素，大量内容持续产生在相同的场景和地点，使用抖音的用户经常刷到类似的场景，就会激发其模仿拍摄的欲望，随之产生更多相同场景或地点的内容。抖音也因此捧红很多内容，比如线下店——CoCo奶茶、海底捞；美食——摔碗酒、西塘农家菜；以及宠物等。但平台的内容容易出现同质化，使用户产生审美疲劳。

（3）头部引领，差异化推进。目前短视频平台已经出现了明显的头部厂商，具备先发优势和技术积累的快手以多项优势数据领跑市场。同时全面喷发的短视频平台市场也出现了一定的同质化现象，很可能导致短视频行业的恶性竞争甚至透支行业生命力。因此，推进平台差异化建设不仅是打造独特的产品内核，以提高用户品牌忠诚度和深入挖掘商业价值的内在驱动力，更是构建良性的市场竞争秩序的外在需求。塑造平台的竞争壁垒，需要厂商具备超越思维定式的创造性思维和洞察力。

快手依托高信息密度、强表达能力、深用户互动的短视频内容形态实现从工具到社区的转变，社交属性在去中心化运营、技术加持下实现用户获取与黏性培养；在品牌扩张层面，2017年快手加大了市场投入，与《吐槽大会》《明日之子》《快乐大本营》等多个顶级综艺展开深度内容合作。并通过多样化的线上线下活动、公益事件展现品牌影响力，深化与用户的情感连接；技术基因浓厚的快手团队 2017 年不断优化算法分发技术，优化提高短视频传播效率，融入人工智能、机器学习、大数据等技术，为用户提供更多娱乐满足感，为更多普通用户记录生活赋能。

今日头条旗下的西瓜视频、抖音、火山小视频都具有清晰的产品定位，它们围绕短视频拓展社交、丰富内容，已经形成稳固的短视频产品矩阵。2017 年 11 月，今日头条收购海外音乐短视频平台 Musical.ly，后者将与抖音在产品和技术层面密切合作。今日头条的国际化版图未来还会继续扩张。秒拍与小咖秀、一直播构建视频生态，产品之间形成有机联动，通过秒拍短视频的高效传播，小咖秀明星资源的强力带动，在一直播完成商业变现。同时深化与新浪微博的合作关系，新推出了针对版权短视频的新内容平台酷燃视频，实现多平台分发，提高内容的话题度和短视频传播效率。①

二、发展的三个阶段

短视频在短暂但迅猛的发展过程中可以分为初创、资本介入以及垂

① 易观．2018 短视频行业年度盘点 [EB/OL].（2018-04-08）[2018-09-25].http://www.199it.com/archives/707472.html．

直细分三个阶段。

（1）美拍、秒拍、小咖秀等第一代短视频产生。这一时期各大平台以惊人的速度扩大发展，用户普遍接纳短视频传播形式，并积累了大量粉丝。这对于后期短视频实现井喷式的发展奠定了良好的基础。

短视频应用秒拍于 2013 年 10 月正式上线。秒拍上线后就邀请了演艺界众多明星、意见领袖的合作参与。通过该举措进一步提高了平台的知名度。此外还与各大微博形成了合作关系，充分发挥微博流量的作用分发、传播小视频内容。以 10 秒为单位的小视频较少受到流量等技术门槛的限制，且能够迅速在用户碎片时间内消化，一时间越来越多的用户选择上传小视频并进行转发。2014 年，部分明星用户在秒拍平台上创造了日点击量超过 400 万的短视频量。个别用户的单日点播量甚至可与热门电视剧持平，平台的发展势头十分猛烈。依托美图秀秀中的美颜技术而发展起来的美拍，将配乐、滤镜、剪辑等多种功能加入视频拍摄中，得到了受众的广泛认可，尤其是年轻女性的钟爱。美拍还不断创新新增功能，前后推出了各种符合用户需求的功能，比如百变背景、10 秒海报等。与此同时，结合直播平台的发展设置了直播打赏；推出边看边买功能符合电子商务与短视频结合的发展趋势，保持头部梯队位置。

（2）巨头加盟、迅速崛起，是第二代短视频应用的特点。除了快手获得腾讯、红杉资本和晨兴资本的巨额投资以外，当前各大互联网巨头已经开始对短视频的激烈竞争。今日头条、微博、腾讯等新媒体的翘楚均已经宣布参与短视频领域竞争，并与短视频制作领域的创作者、公司形成了深度合作。与此同时，短视频也吸引了传统媒体人的加入。这其中包括梨视频（邱兵）、视知（马昌博）、刻画（苗伟）以及箭厂（界面新闻）。众多内容制造商纷纷基于PGC模式加盟短视频行业的发展。

（3）第三代短视频采用垂直细分模式。在广大用户逐渐习惯各大巨头加入第三代短视频后，“抢夺初期平台红利”“野蛮生长”已经渐渐失去优势了。短视频平台渠道及其内容不断垂直细分内容领域。虽然初期发展中那些泛娱乐、纯搞笑的内容在短视频发展中排名靠前且吸引了广大用户的注意力，获得了巨大的流量，但是内容同质化现象十分严重，弱化了整体商业的变现能力。

抖音确定了新生代的音乐短视频社区的发展路线，明确应用平台的目标领域和适用对象。平台的负责人曾表示，24岁及以下的群体是抖音的忠实发烧友，平台以“95后”“00后”为主力达人。客观上说，其用户主流与抖音的定位相吻合。而分析秒拍作者的原创榜不难发现，其前50名视频制作者普遍形成了诸如美妆、美食、汽车等垂直细分领域。此外，历年榜单数据也可充分说明当下短视频领域已经逐渐细化发展、明确定位，逐渐过渡至某一专业垂直领域，并不断夯实变现能力。[①]

① 黄楚新．融合背景下的短视频发展状况及趋势[J]．人民论坛·学术前沿，2017（23）．

三、形成的类型

根据短视频 APP 在应用商店的类别、平台自带的标签以及风格等，将其分为三大类型：社交类、工具类和垂直类。实际上，在统计的过程中，不少短视频 APP 会出现交叉，并非只是单一类别，比如“抖音”“快手”也有社区氛围，同时也有丰富的内容生产。短视频的制作方式还可以细分为“PGC”“UGC”“PUGC”等类型，比如“快手”“抖音”属于 UGC 平台，用户自发生产内容、记录生活；“秒拍”是 PGC 平台，头部效应十分明显；“美拍”则是 PUGC 平台，既有专业的内容生产者，也有自发生产内容的普通用户。

社交类短视频的特点在于有较为浓郁的社交氛围。以“蘑菇视频”为例，其定位为一款专注年轻旅行爱好者的创意旅行短视频社交软件，除了可以发布短视频之外，还有“私信交友”的板块，鼓励用户在平台上通过视频内容认识新朋友。工具型的短视频 APP 主要以特效、剪辑为主，主要是美化视频，降低视频拍摄的门槛。以 VUE 为例，VUE 的使用功能包括即时的视频滤镜、分段（分镜头）录制和后期的剪辑和编辑处理。虽然现在大多数短视频 APP 都会自带基本的剪辑功能和特效玩法，但由于工具类 APP 简单明了、界面简洁，对于有需求的群体依然有十分重要的作用。垂直型其实是内容型衍生出来的一个细分类型，不过，区别于“内容型”基本都是泛娱乐内容，“垂直型”的内容特点鲜明，有音乐领域、舞蹈领域、美妆领域、健身领域、教育领域等。[①]

---

① 短视频工场 . 我们统计了 127 个短视频 APP，分析了其背后的派系及玩法 [EB/OL].（2018-06-26）[2018-09-25].https://www.sohu.com/a/237946757_100005778 .

以下本书主要讨论社交类和工具类这两大类型的短视频应用程序。

1. 社交类

短视频的蔚然成风、全民狂欢，来源于这个类型下的几个产品：风头最劲的抖音、用户最多的快手、不甘落寞的微视、红极一时的美拍，以及和抖音同根生的火山。这些产品的用户量已全部破亿。此外还有酷狗的短酷、歪歪的补刀、百度的 Nani、新浪微博的爱动等产品也都枕戈待旦，不断发力。这个类型已然成为各家平台银行存款的焚烧机，所有网红大 V 的梦工厂。

社交媒体和其他类型之间的最大不同为 UGC 的内容生产。目前 UGC 这个定位已经不太准确，由于产品调性类似新浪微博，所以类型界定为社交媒体。抖音、快手是其中的佼佼者，抖音以内容玩法为主，快手以玩家特色为主。一个内容偏平台引领，一个内容偏人物自带，类型内其他产品基本也是对标这两个。

这一类型的工具主要以滤镜、美颜、特效为主，它们主要应用于提升手机视频的拍摄美感。平台自带工具的使用率其实并不高，打开过工具的用户比例大约一半，长期使用的更少。由于工具的功能更新远跟不上内容的迭代，所以预计未来社交媒体自带工具的使用率会持续下降，平台本身侧重点也会更加重内容、轻工具。

其声音模板大多是基于头部音乐以及头部语音场景下的短视频二次创作。合拍是基于整体头部内容素材化的二次创作，内容创作者更偏向于一些头部原创的跟随，平台也以此来弥补内容多元化的不足，预计未来平台会引导头部内容更加多元，否则内容重复度高，会导致用户审美疲劳后的高卸载率。

社交类短视频的分发机制多有差异。拿现在最热门的来对比：抖音更高效而快手更自主。抖音的机器分发优点为内容的注意力聚焦，用户不用选择便可以看到自己喜欢的内容，对内容消费者比较友好；不足点是用户自主性差，内容推荐的垂直度高，容易导致审美疲劳。快手的列表浏览优点为用户自主性强，通过封面和标题来选择是否观看，取决于自身的兴趣选择；不足点是浏览选择步骤增加，分散了内容的注意力，对内容生产者比较友好。

内容创作上，抖音的引导性内容会在短期内聚焦内容势能，吸引更多内容消费者注意力，因此短期日活用户数上涨飞快；而快手的原生态具备持续的吸引力，会吸引更多内容生产者加盟，因此长期会得到更多用户忠诚度和内容的多元化。用户梯次上，抖音的内容生产用户梯次感单一，要么是头部网红，要么就是长尾创作者，典型的图钉结构，内容的时效性强，生命周期短，对内容生产者不太友好。也许前一个内容数据很好，后一个内容就会被打回原形；快手的用户梯次感更健康，头部网红以外还有明显的腰部结构，内容更聚焦 IP 感知和内容沉淀，对内容生产者相对友好，粉丝数据不太会出现“过山车”，适合长期发展。

当然，社交类短视频的蓬勃发展也面临着许多问题。比如内容重合度高是目前限制社交媒体发展的重要瓶颈，而多元内容除了运营引导外，平台还需更多激发 UGC 用户的自主创作，以及长尾内容的分发规则。

随着内容消费者观看数量的提升，对内容的审美更加挑剔，能够走到头部的内容也越来越依托高成本及专业设计，这导致了大量 UGC 用户的退出，因此对社交媒体的用户结构挑战极大。①

2. 工具类

第三方短视频内容生产工具的发展，目前远远没跟上短视频内容的发展。更具针对性的短视频内容生产工具，未来将会享受到和内容一样的行业发展红利。

（1）平台自带。随着社交媒体内容的快速迭代，平台自带工具的功能迭代后期会更难满足需求。短视频社交媒体的火爆也变相教育了整个市场，UGC 用户的潜在增量及工具需求已非常迫切。

（2）照片工具。激萌类的照片工具，除了照片处理外也增加了拍摄短视频的功能。不过照片工具的功能拓展主要是为自身的已有用户设计，更多也是围绕自拍用户的美颜、滤镜等功能，与平台自带工具的功能重合度很高。所以，照片工具短时间内很难成为短视频平台的工具补充。

（3）剪辑工具。剪辑工具主要是根据已拍摄完成的视频做后期剪辑，在对实时拍摄方面的处理还在初级阶段。并且剪辑工具的学习成本较高，也没有针对性的应用场景，更多还是专业用户的选择，所以，也很难成为短视频平台的工具补充。

随着技术的进步和操作便利性的持续发展，工具类短视频的未来发展将可能有以下走向：①拍摄难度逐步降低，简易操作的傻瓜类工具视

---

① 短视频市场犹如飞蛾扑火？我们给你带来了最深度分析 [EB/OL].（2018-08-11）[2018-09-25].https://baijiahao.baidu.com/s?id=1608512649662589479&wfr=spider&for=pc.

频将成为行业的普遍现象。一段 15 秒的抖音视频，至少需要 2 小时及以上时间的拍摄处理，工具的使用难度及成本依然较高，随着 UGC 用户对工具需求的与日俱增，未来工具使用将逐渐垂直化，并且会有简单化操作的傻瓜式工具诞生。②配音的重要性将加强，音视频综合处理能力强的 APP 重要性将凸显。目前的产品大多针对视频处理，少有针对音频处理的 UGC 工具，而鬼畜音 MAD 视频高度依托音频处理。因此，未来工具类短视频将从以视频为主过渡为音视频综合处理及简单化操作的方向发展。③通过场景引导来拓展内容生产，将成为工具拓展的主要方向。我不知道拍什么，是 UGC 用户的第一诉求，所以目前短视频平台 UGC 大多都在做头部内容的再次翻拍。未来的短视频工具定位，将会由视频美化重新定位至场景引导。通过工具中一些场景化的模板植入，激发用户的创作思路。

四、传播的特点

短视频正因为短，所以有它的传播特点与商业逻辑，同时在传播时须注重与其他媒体及内容的匹配、错位和借势。

（1）碎片化阅读。短视频的时间一般不超过 10 分钟，以数十秒到数分钟为主，这方便广大用户可利用移动设备在闲暇时间进行点击观看。微博数据中心发布相关数据显示，约有 60% 的用户选择在入睡前、课间或者上班休息时间观看视频。此外，用餐时段、通勤时段等也是用户观看视频的主要时间。这充分说明用户普遍会利用碎片化的时间进行观看视频，用户所观看的视频的时长普遍小于 5 分钟（70%）。虽然用户仅是利用了碎片化的时间观看视频，但是其中可形成的巨大流量是无可估量的。

（2）成体系的分发逻辑。从表面上看短视频填满了用户碎片时间，用户观看视频的时间是非常零散的，但是深入分析发现其中也存在逻辑规则，即具有垂直细分的特点。短视频账号发布的逻辑节奏通常为同一领域的，这有助于账号与粉丝保持持久、固定的关注与互动。此种模式在美食、科技以及军事、财经、娱乐搞笑等各个领域中形成了诸多成功的案例。比如“功夫财经”这一短视频账号就曾经获得了优酷巨额投资，额度达到 1500 万元。飞马基金、华人文化等曾经投资一条视频，其投资额度也达到 1 亿元。客观上说，短视频制作的体系是其制作者能够成功获得资本青睐的关键之所在。

（3）相互嵌套的平台内容。短视频可以单独呈现，也可以和长视频结合，为视频网站、直播平台所利用，达到相辅相成的效果。比如主播上线时需向直播平台输出内容，而当其下线时可通过轮播、回放精彩内容等方式为用户呈现与主播播出有关的短视频。通过这样的方式形成全天候的滚动式播放，以获取各个时段流量的支持。

2017 年，在《中国有嘻哈》这一综艺节目中就将选手表演内容以及商业广告等以短视频的方式穿插其中，浓缩梳理选手在表演过程中的表现，使得长短视频得以相互嵌套。通过此种操作方法不仅稳定了视频节奏，同时也让观众得以拥有喘息的空间。另外，将表演性质的短视频穿插于完整的节目中，具有关联推广、弱化植入商业广告痕迹的作用。

（4）构建动静结合的信息流。比如微博平台的图片、文字等信息流中夹杂着短视频，手指滑动即可动态预览视频，在结束视频播放后会结合用户所选择的视频内容推荐相关短视频，而非跳回原有信息流中，从而形成动态信息流。动态信息流是区别于原本静态信息流的，是针对短视频而形成的。短视频应用秒拍于 2013 年正式上线后就与微博形成了密切的合作关系，当前秒拍已经成为微博中最主要的视频内容来源。与此同时，推荐内容中发布视频者并不一定是用户关注的，微博通常运用动态的信息流而实现对账号的二次导流。

五、短视频用户分析

短视频对待用户的方式是，通过对视频、音频及场景的功能处理，引导用户创作和分发内容。工具的作用是引导用户创作和美化内容，而平台的作用则是引导用户分发和传播内容。

1. 用户角色

观看者：纯粹的内容消费者，只观看不生产，这部分用户可以概括为一个词，叫作有空的闲人。他们使用短视频是为了无目的性地打发时间，所以生活节奏相对舒缓的三、四线城市年轻用户比例较大。

UGC 用户：既是内容消费者也是内容生产者。UGC 用户大约可以分为两类，一类为爱拍人士，吃喝玩乐都喜欢拍摄和分享的人；另一类为才艺展示，自己的某类才艺或者专业刚好吻合视觉需求，比如绘画、舞蹈等。UGC 用户同样也是以年轻人为主，但女性占比会较高，多数会来自一线和新一线城市，具备一定的拍摄技巧，除短视频平台以外，很多在其他社交平台也都相对活跃。

PGC 用户：优质内容生产团队，除了前端的表演者，还包括后端的编剧、灯光、后期制作和营销团队。PGC 从早期的叫兽、暴走大事件、万合天宜，到如今的陈翔六点半、办公室小野、二更、一条，从长视频自制剧开始到短视频 IP，经历多年发展已经形成完整的产业链，很多团队原本的背景就是专业的媒体人。

网红：平台原生环境下新生的头部达人、UP 主，也包括后来入驻短视频的直播、音乐、社交等跨平台的网红和 PGC 团队。因网红用户多栖跨界，也导致短视频成了一个跨平台、跨领域竞争的焦点行业。

MCN：因为 IP 的内容流量先天具备分发优势，所以市场上诞生了整合头部 UGC、PGC、网红的专业机构，包括流量平台本身在内。短视频平台自身的 MCN，主要是和入驻平台的头部网红和头部 IP 签订排他性协议，IP 和网红禁止再入驻其他平台，从而打造自身在内容供给端的核心竞争力。

MCN 专业机构：主要是通过签约和打造头部网红和头部 IP，然后再通过网红和IP的流量分发优势，重复打造更多网红和IP。目前的MCN机构大多原本就是头部IP和网红的内容生产团队，比如papi酱的papitube、何仙姑夫的贝壳视频、魔力TV的新片场、一禅小和尚的大禹网络、办公室小野、代古拉K的洋葱集团等。

广告商：随着短视频行业的持续火热，短视频营销成为各大品牌主青睐的广告形式，短视频区别于长视频的贴片广告，更加偏向于植入式内容和定制内容的广告形式。

企业主：类似微博、微信，短视频也是企业最新的一种新营销手段，短视频新媒体运营也逐渐成为继微博、微信之后的另一个重要运营渠道。

2. 用户来源

微信/朋友圈：占比最大，短视频大约超过一半用户来自微信，也一度疯传短视频可能会取代朋友圈。结果是微信封杀了短视频的外链，如今只能是通过保存视频后，再上传至朋友圈的方式来分享。

新闻客户端：今日头条、手机百度、凤凰、一点资讯、天天快报、腾讯新闻等新闻客户端是短视频用户排名第二的来源，也是西瓜、火山、好看视频、全民小视频、腾讯视频、微视等短视频的主要分发渠道。因此，自有流量是短视频平台快速发展的重要前提，比如今日头条快速崛起3个短视频产品（抖音、西瓜、火山），手机百度内置的好看视频和全民小视频、腾讯系天天快报、腾讯新闻内置的微视和腾讯视频等。

微博：微博作为最大的社交媒体，是短视频能够快速传播的重要渠道之一。多数明星、网红、PGC类短视频内容都是最早在微博得到了大量关注，然后转移至短视频平台，微博也是短视频先行者秒拍用户的最主要来源。

综艺：综艺节目深受年轻人追捧喜欢，节目本身就是爆款IP，所以植入综艺节目是短视频在后期发展的重要渠道。当下一众热门综艺都有短视频的植入身影。近期西瓜视频又对标长视频，斥资40亿元打造自制综艺，并且拉来汪涵加盟，也足以证明综艺对于短视频的不可或缺。

搜索和应用商店：和多数应用一样，搜索引擎和应用商店是非常重要的用户来源渠道，如今SEO与ASO关键词带量越来越小，尤其对于更多依靠内容的短视频来说。

3. 用户内容

UGC：用户通过场景触发拍摄意愿，如旅游、萌娃、萌宠或者新奇事物等触发。其次是分享专业技巧及展示才艺，如美妆、生活技巧、舞蹈、绘画等才艺及技巧展示。

PGC：用户通常拥有一个标签化的短视频生产领域，能够保障持续生产内容，包括专业媒体人、专职艺术网红及其他工作职能相关达人。如科技、动漫、工作技能等职能相关；IP、段子、编剧、新闻等媒体人；唱歌、演艺等专职网红工作者。

六、新技术应用的未来

短视频不仅要有美颜、滤镜等基础性功能，未来无人机技术、虚拟现实、全景技术的引入将极大地拓展平台的竞争力并扩大短视频消费。

（1）无人机技术提供独特视角。近年来，无人机技术飞速发展，在民用、商业领域频频应用到各类航拍机器、无人机，对于广大观众们而言也已经是众多视频作品中常见的技术了。无人机可从独特的视角拍摄视频，摆脱传统地面摄像机的限制，提高视频的真实感与互动性。

随着当今用户不断加深认识无人机，科技公司也不断简化、更新拍摄模式。2017 年，无人机公司大疆研发了适宜短距离自拍的设备“晓”Spark。该设备具有便于携带、轻巧等特点。用户可利用该设备在百米范围内通过手势控制机器。同时设备具有飞行模式，可满足渐远、冲天、螺旋、环绕等多种拍摄方式。设备具有一键短片的功能，一分钟左右的拍摄视频可生成 10 秒的短视频。Spark 的价格便宜，通常在数千元以内，重量轻，同时便于新手轻松驾驭。从某种层面说这有利于进一步降低视频拍摄成本。未来不管是专业的制作团队抑或是个人短视频制作者，都可轻松利用无人机拍摄短视频，能够便捷地使用各种设备拍摄视频。总之，在短视频发展中无人机得到越来越广泛的应用。

（2）强化虚拟现实的沉浸感。正如上文所述，用户可通过无人机以独特的视觉感受真实的世界并提高用户的参与度。用户通过 VR 技术以更逼真的视角提高用户沉浸感。VR 技术随着发展已经垂直细分至视频、新闻、游戏、影视等各个部分，同时形成了相应的规模。操作者基于虚拟现实技术能够结合空间需要创建出对应的临场感，人机在虚拟的影像世界中实现交互，用户将自己与虚拟的世界融为一体，从而提升用户观看视频的快感，提升 VR 视频用户体验。

（3）全景技术带来宏大的信息量。VR 技术与全景技术存在诸多区别。其区别主要体现在前者能够引导用户自由与场景实现深度互动；而后者则强调可满足用户在各个角度观看动态视频。在展示应用图片中，该技术已经得到了普遍性的应用。2016 年，Facebook 将 360º 全景功能引入信息流中，从而满足用户通过晃动手机、鼠标滑动等方式观看各个角度的图像内容。值得一提的是该功能尚不能支持上下视角，仅支持水平功能。2017 年，微博正式推出全景功能，该功能可满足用户各个角度图像填充。用户可通过改制平面图画、照片等方式生成全景图片。①值得一提的是，全景视频、全景图片在实际的应用中仍表现出巨大的发展空间。而引入多设备、多机位是实现多角度、动态的制作全景视频的基本条件，这也意味着需要增加更多成本投入。

七、网红 APP：快手与抖音

自 2011 年 GIF 快手上线以来，快手短视频凭借强大的先发优势和

① 黄楚新．融合背景下的短视频发展状况及趋势 [J]．人民论坛・学术前沿，2017（23）．

技术积累逐渐成为短视频领域的领军者。快手短视频重视用户体验和社交属性，在许多方面做出了有益的尝试。

首先，在技术层面，快手有深厚长期的积累，技术团队人数占比至今仍保持在 80% 以上，高管团队也以技术出身的骨干人员为主，在人工智能、算法分发等领域有深入应用。2017 年在计算机视觉、计算机图形学方面也进行了持续的研发，这不仅可以应用于快手产品本身的功能优化，未来还可以拓展更多元的商业化方向（见表 6–1）。

表 6–1　快手的发展进程及特点

时间	特点	内容
2011—2012 年	技术积累期	2011 年，GIF 快手上线； 2012 年 4 月，获晨兴资本 30 万美元天使轮投资
2013 年	转型短视频社区	2013 年 4 月，获红杉资本中国、晨兴资本数百万美元 A 轮投资； 2013 年 7 月，转型短视频社区，去掉微博等外部共享； 2013 年底，产品采用人工智能，用算法推荐
2014—2016 年	产品优化，用户规模快速扩张	2014 年 11 月，产品更名为快手； 2015 年 1 月，月活突破 1000 万； 2015 年 1 月，获红杉资本、晨兴资本数千万美元 B 轮投资； 2016 年 2 月，对少部分用户开放直播权限； 2016 年 3 月，注册用户突破 3 亿； 2016 年 3 月，获百度投资、光源资本数千万美元 C 轮投资
2017 年	品牌升级	2017 年 2 月，在网综《吐槽大会》等多个知名节目上投放广告，加强深度合作； 2017 年 3 月，获腾讯投资 3.5 亿美元 D 轮投资

其次，在运营层面，快手产品设计功能简洁，分别通过同城、发现

两个页面实现内容的LBS推荐和算法推荐模式。在内容上以数据算法作为短视频信息流的分发基础，没有明显针对明星、头部用户的流量倾斜，充分践行去中心化的平等思路。此外，在产品较为成熟之后虽然快手也进行商业化的尝试，但并没有大肆开发信息流广告，保证了社区内容的纯洁性，保障了用户良好的体验。

再次，快手的品牌也逐渐得以突出和强化。在“记录生活记录你”的slogan指导下，快手通过技术手段、谨慎运营保证了短视频社区的去中心化和扁平化。2017年开始，快手增加了信息流广告投放，传播本身的产品理念和平台特点，并通过多样化的线上线下活动与公益活动等加强与用户的情感连接。作为短视频领头羊，在内容价值引导上快手与浙江大学开展合作，结合国内外短视频内容管理过程中的争议案例，探讨内容评级规范，树立行业标准。

快手作为目前唯一一款月活用户破2亿、日活用户过亿的短视频应用程序，足以跻身现阶段中国移动互联网的国民级应用。从用户分布情况来看，快手的用户结构与全网移动用户分布较为相似，在30岁以下用户人群、中等城市及乡镇农村人群中有更高的渗透率，年轻化、用户下沉特征显著。

与快手不同，作为2016年下半年才正式上线的短视频应用，抖音背靠今日头条的技术优势，将15秒音乐短视频社区作为核心定位，通过站内话题挑战、线上线下活动等激发用户短视频创作热情，通过与若干热门综艺的深度合作扩散抖音在年轻用户中的品牌影响力，成为年轻人潮流文化的新聚集地。而在商业化方面，抖音围绕平台功能特点以及内容调性与广告主进行营销合作，进入实质性的流量变现阶段（见表6–2）。

表 6–2　抖音的战略特点

打品牌	2017年以来，抖音已经与《中国有嘻哈》《快乐大本营》《明星大侦探》《我想和你唱》等线上线下十余档综艺节目开展不同形式的合作，快速提升年轻用户中的品牌认知
深运营	抖音官方用户发起了大量的挑战话题激励引导用户生产短视频内容，并围绕话题产生用户互动； 邀请平台达人录制拍摄指南，减少用户对各种功能和拍摄方法的学习成本； 除了线上活动之外，抖音还在线下举办多种落地活动，为达人用户和优质内容提供更多曝光互动机会
商业化	2017年9月，抖音开启了首次原生竖屏视频信息流广告合作，首批合作品牌为雪佛兰、哈尔滨啤酒、Airbnb爱彼迎； 颇具特色的抖音站内挑战也开启了商业化定制，围绕社区氛围、内容调性引发用户自发参与，传递品牌信息
国际化	2017年8月抖音启动国家化，海外版本Tik Tok上线； 2017年11月今日头条收购音乐视频社区Musical.ly，并将与抖音在双方保持品牌独立的情况下合并，在技术、产品等多方面进行深入合作

抖音在今日头条大力投入短视频领域的助力下，整体用户规模在2017年快速爆发。2018年2月的活跃用户数据相比2017年同期增幅达到3807.69%。基于海外用户较强的短视频内容消费能力和目前市场的开发程度，海外市场或将成为未来抖音及其他短视频平台的重点发力区域（见图6–4）。

图 6-4　今日头条系短视频的布局与特点

八、案例：抖音的爆红

短视频往往存在以下一些形式：幻灯片式的 PPT 视频、网上传烂了搞笑 gif 动态图、枯燥乏味的 PS/Excel 教程、没有任何技术含量的街头随拍、微信聊天记录的录屏、重复了一次又一次的美女对嘴型、对手势，以及记录自己从起床到上班到回家的流水账视频。这些视频，从传统意义上来讲，无论是从视频内容本身的观赏性、故事性、精美程度，还是从拍摄的技巧性、画面构成都和作品乃至艺术无关。它们没有精美的画面，没有高超的技巧，甚至大家习以为常的“网红脸”都不存在（见图 6–5）。

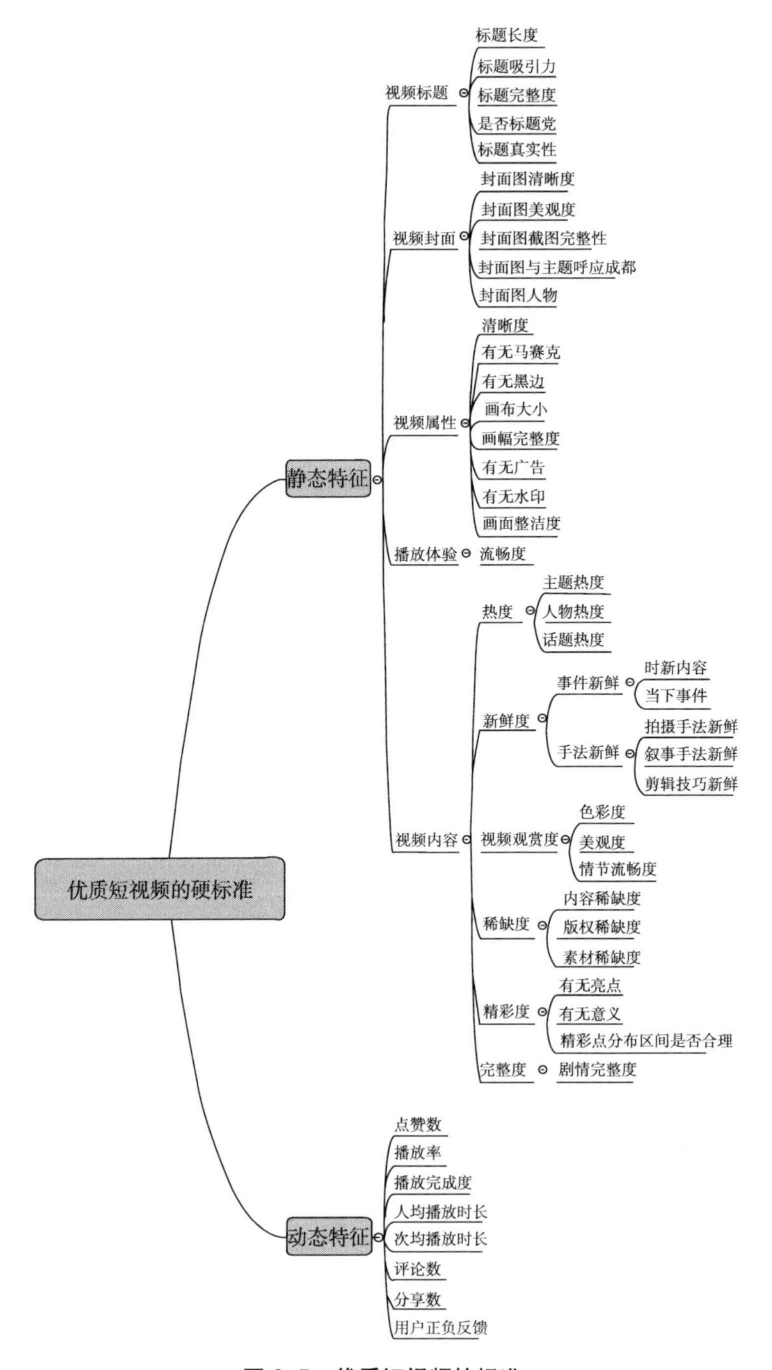

图 6-5　优质短视频的标准

那么，问题来了，为什么内容并不精美的短视频能让那么多人“沉迷无法自拔”“有毒！一刷就停不下来”？

1. 内容

首先，短视频着重内容的刺激性和娱乐性。人们常说“内容为王”。事实上对于大众来说，内容的本质并不在于它有多精美，并不在于它是否像艺术品那样能够供人观赏；有吸引力的内容并不需要高深的思想和精美的形式，它们只需要有简单的娱乐性，可以刺激人浅层的欲望就行。

比如短视频里 PPT 式的劣质视频——它传递了有用的信息和价值；微信聊天记录——似曾相识，或前后套路反差冲突带来的戏剧性。短视频的内容满足了用户的好奇心，让观者觉得新鲜，从而引发了大众的共鸣（见图 6–6）。

其次，短视频的内容具有极高的发展性和连续性。短视频通过后台的强力引导暗示和诱发短视频用户的内容生产行为。因此，两个或多个短视频之间就是高度对应的关系。抖音的视频内容不仅高度对应，还是发展和连续的。

比如土耳其冰激凌视频的反转：人们开始看到的都是游客被土耳其冰激凌老外各种戏耍的视频。后面看到的是游客机智反杀土耳其冰激凌老外的视频。如果你没看过前面的 A 视频，直接去看后面 B 视频，你可能就一头雾水了：这是什么，不明白好笑在哪里。所以，如果今天只是单纯地把游客反杀土耳其冰激凌的视频搬运过来，你会发现，用户根本看不懂。在短视频上又火又好看的视频，生搬硬套到任何其他平台都会无疾而终。

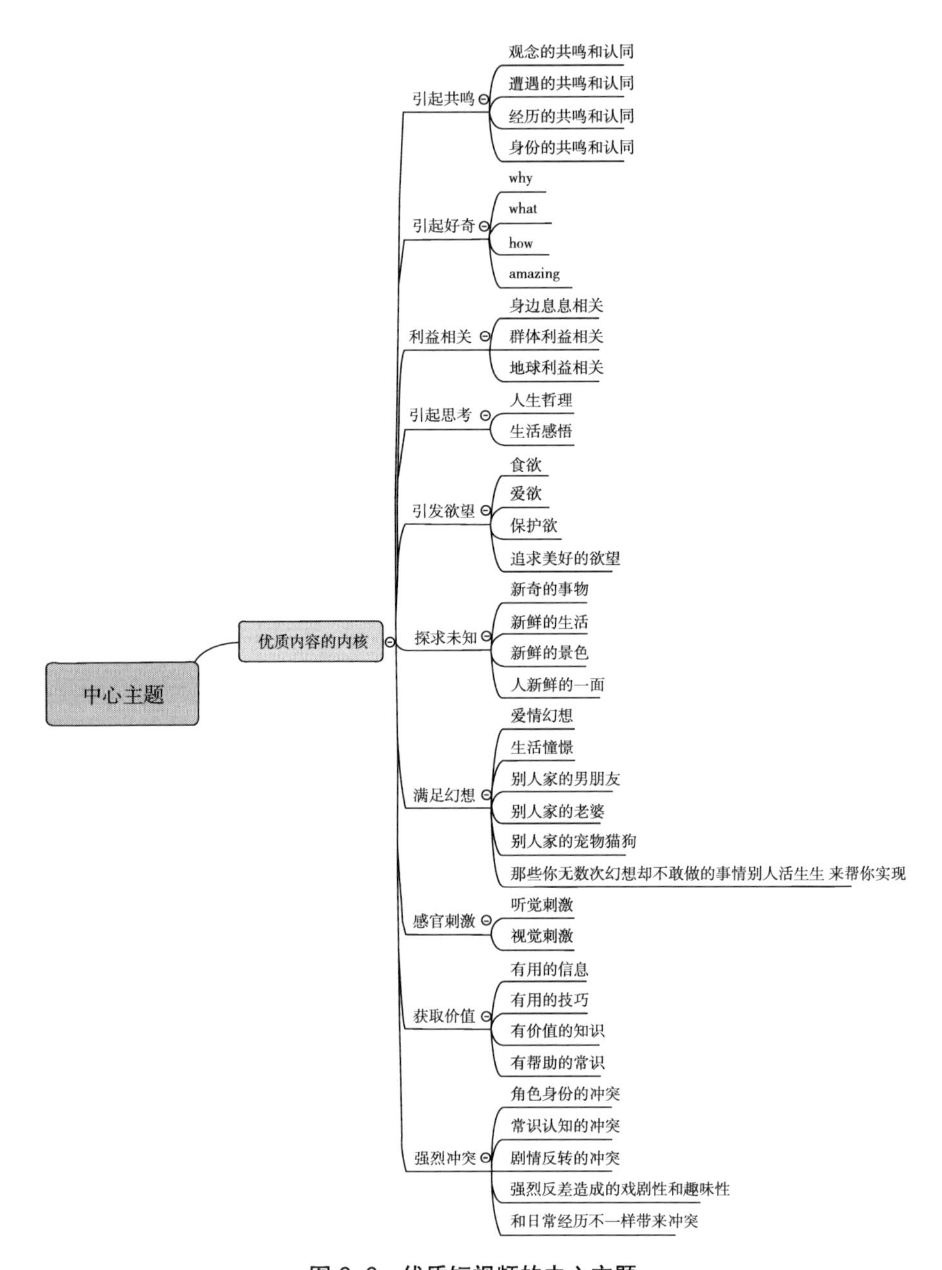

图 6-6　优质短视频的中心主题

短视频的内容推荐是基于点赞和关注的弱个性化算法的比例配置及运营。运营方面，抖音仍以中心化运营为主，在控制内容方面主要以运营为主。运营的背后如同有一双硕大的手控制着整个推荐池。从推荐池的角度上分析，抖音运营也应以调配策略、比例控制为依据。某种层面分析，只要进入抖音，即意味着进入了抖音下的套。一个晚上的抖音时间可能让你经历多种心态的变化，高潮迭起或者是平淡真实。

值得一提的是，再完美的算法推荐也很难实现精细分发，即完全以运营为依据进行分发。这是因为控制运营池配合基于点赞和关注的弱个性化算法可以达到理想的效果。

至于运营池怎么控制，可以有个内容主题类型的配比策略，就好像你要准备一道满汉全席，主菜多少，配菜多少，都是经过精密安排的。假如有一天抖音全部都是小哥哥小姐姐视频，你可能 5 分钟就腻了，所以必须不断调控运营池里面的内容，保证合理的比例。通过控制推荐池内容的比例和分布来调控整体分发的内容，以达到自己的运营目标（见图 6–7）。

再次，音乐让短视频的内容如虎添翼。我们已经很难分清是抖音捧火了音乐，还是音乐成就了抖音。

音乐可以影响人的情绪，并进而改变人们对于内容的认知。

（1）脑干反射：脑干捕获音乐中的声学特征，同时将其识别成紧急或者其他重要的信息。

（2）生理节律与音乐节奏的共鸣：人体的一些生理节律（例如心律）在外部的音乐节奏 / 节拍影响下和音乐同步。对此，有过 live 经验的人最有发言权。

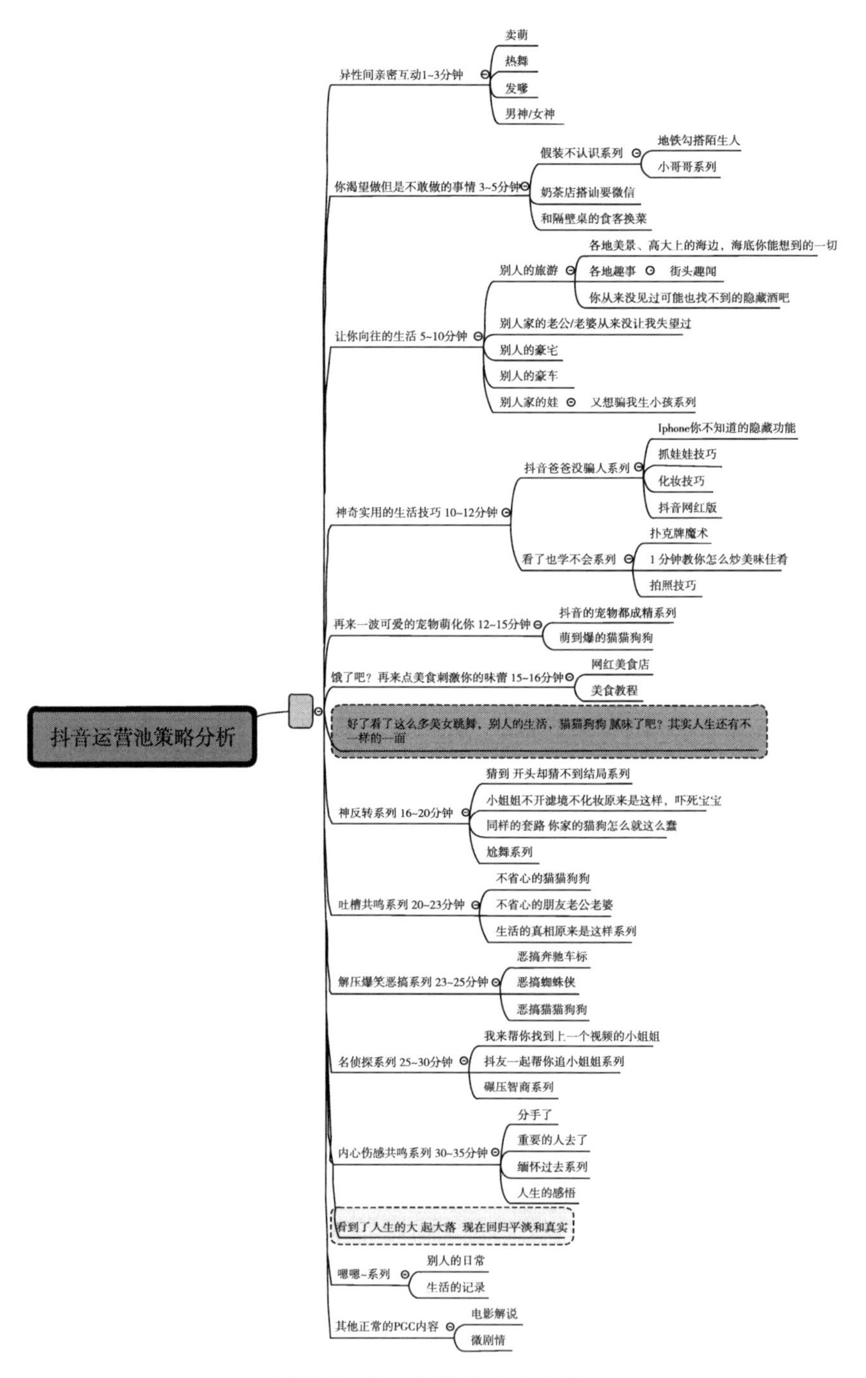

图 6-7　抖音运营池策略分析

（3）评价性条件反射：在某个人的经历里总是会产生关于某些经历的正、负面刺激，所以当其听到相关音乐时就会出现某种情绪。

（4）情绪传染：音乐让人感受情绪并传递及内化。

（5）视觉想象：顾名思义，即人在听到音乐时脑海里出现的视觉画面或者与画面有关的情绪。

（6）情节记忆：人在倾听音乐的过程中会情不自禁地想起某些经历及相关情绪。

（7）期待音乐：个体在倾听音乐的过程中，不管音乐是否是自身希望的甚至是无关紧要的，都有可能产生情绪波澜。

综上所述，在听觉感观的刺激下，大脑会本能地与视频结合起来。也许视频并不具有丰富的内容，但是却让人形成很多信息。比如当下最为流行的抖音，虽然人们对于抖音的看法不一，但是不可否认其中带红了诸多好听的音乐。特别是那些抖音中毒用户可能会出现只要打开抖音，把声音开到最大然后听着其中的音乐洗澡或者做家务，而不管抖音的内容是什么的情况。这些均可一定程度说明用户对抖音的痴迷程度。

最后，短视频内容生产的低门槛让视频的生产和传播高频化，从而具有强烈的社交属性。短视频一定是 UGC 的。PGC 内容的精美性抬高了内容生产的门槛，精品意味着低频。所以抖音最让人意外的，并不是它在最初的时候能邀请到一些网红生产一些非常精致的 PUGC 视频。这个说实话，花点钱谁都可以做到。让人们意外的是，抖音能够果断做出决策，牺牲一定内容的质量，换取内容的高频。这也就是有段时间抖音不断被诟病的原因，内容不如以前精彩了，也逐渐变得像快手了。事实是，抖音牺牲了一棵树，换回来整片森林。

具备社交属性的关键是 UGC 的内容，未来的短视频一定不仅仅只是一种内容，而是承载信息的一种方式和载体。远古时代，人们只能通过书信交流，到了今天以博客交流，当前人们可以使用各种更为低成本、方便的方式以图片的形式表达交流，比如朋友圈、Facebook、微博。在此背景下，人类将更加倾向于使用图片表达自己的想法，所以未来短视频不仅仅是可消费的内容，同时将具备交流载体的功能属性。

抖音用不断降低的内容生产门槛，换来了高频的内容生产、自我表达和信息交流。与此同时由于抖音具有可复制性、可模仿性，也就意味着人们能够以最低的成本参与抖音。每个普通的人都可轻松地使用抖音表达自我或者其他想要表达的内容。不论你在家里、办公室还是寝室，不论你高矮胖瘦，你都可以尽情地表达你自己。抖音用视频释放了新一代年轻人的自我表达。

2. 社交互动

起初抖音依靠一批邀约过来的帅哥靓女，酷炫的拍摄技巧制作出来的精致视频一下子抓住了一线城市的时尚年轻用户，打响了口碑。但它之后的发展之路和精致内容完全没有关系。抖音的野心从最开始就不是做一个头条一样的内容分发平台，而是做快手、做 B 站这样的内容社交平台。

假设生活中突然失去了音乐、抖友文化、有趣的评论、有意识的情节、主题，也失去了有效的运营池策略。而有的仅仅是一个无神、分散的内容，那么生活就没有乐趣。即使还是原来的网红、视频，但是一切都索然无味了。

社交是短视频的本质，这是社区的力量。从本质上说其所强调的就是相互养成。互动是形成社交的前提条件，那么什么是互动呢？真正的互动应该是有留言又有回复。而如果仅关注了或者仅看了，那么都不算互动。

互动有两类：熟人间的互动，是你说一句，我回一句，一来一往，具体的产品形式是即时通讯。即时通信的网络效应极强，你用了微信，平时跟你联系的人，不论年龄、喜好、地域，也都要用微信。因此，即时通信产品往往一家独大。陌生人社交长期存在着两类产品，论坛和即时通信，探探以及早期的陌陌都是即时通信类。但即时通信有个大问题——平权。平权的意思就是我给你发句话，你就会回我一句。但陌生人社交天然不平权，人们只会对超出自己的人感兴趣。举个例子，一个又穷又挫的男生发现了一个漂亮妹子，想搭讪一下，可漂亮妹子对他完全没兴趣。所以陌陌后来做了直播，直播就是典型的非平权产品，一群粉丝围观一个美女主播。如果说连平权都没有，那么又如何养成互动呢？又如何实现社交呢？其强调的就是内容。

回过头来重新来看抖音，也许你能恍然大悟，抖音内容为什么那么好看？答案是，它已经是个社区雏形，未来是新社交。

抖音的社交属性已经形成网络社区的雏形。我们来观察它的内部结构。

（1）评论区：有组织，有脑洞，有看点。有组织：抖音几大神秘组织：过山车大队、赤赤大队、晓组织、李云龙；有脑洞：人们早晚会笑死在抖音的评论里；有看点：评论自带笑点，评论自带剧本，评论可能比视频好看。

（2）内容：隔屏互动，表达自我，万人演绎。号主与用户隔着屏幕进行互动。号主间也可实现隔屏互动，男女分别有一个抖音号且两个号具有互动性，可以用于晒宝贝、心情、萌宠。

（3）抖音号：自我驱动、联合互动、活跃生态。首先自我驱动指的是，假设不更新就会有新粉丝让你更新，重新发布新的内容；联合互动，男女两个抖音号相互关注并互动。从 B 侧的角度分析，其中可形成自主运营的阵地。大号给小号导量，合作生产内容。虽然不会直接变现，也没有流量，但是总不想辜负粉丝。

抖音上经常看到标题：为了我的两个粉丝我拼了，这都是自我驱动。那么什么不是自我驱动？平台账号体系、广告激励分成、发稿给钱保底等都属于平台驱动。

（4）用户：抖音公民，身份认同，圈群文化。“抖友出征，寸草不生”“天王盖地虎，小鸡炖蘑菇”“滴，滴滴”，能对出暗号的算是基本入门了。

（5）一场以发布者内容为原始素材，全民参与加工的内容交流与互动。玩起来：参与感十足，很多人共同拍摄一个话题主题，万人一起跳海草舞、带你看陕西摔碗酒。抖音的广告词都富有好玩的元素，对于参与者而言其视频内容本身就是社交互动的素材，抖音就是一个载体，什么都可以玩。再回过头来看看，是不是陡然发现，你和抖音不是差了一两个网红，而是差了一个微博和b站。

抖音到现在为止的野心已经昭然若揭，本末倒置以高频互动内容为核心而忽视内容的精品性，内容门槛低，弱化内容的观赏属性，强化了其互动性、交流性。随着这样的发展趋势，其将有可能成为以视频内容为核心的社交平台。

细心观察的人可能会发现，抖音在推荐分发上开始逐渐尝试把一些无赞无评论的视频分发给你，点开头像你可能发现这是你通讯录里的朋友。配合抖音的全新slogan，抖音想做一个熟人生人都包括在内的视频社交平台无疑了。

现在很多年轻人的业余生活其实是乏味的，社交渠道是闭塞的，通过视频有血有肉地体验了一把天南地北、富贵贫穷的不同生活，通过视频和小姐姐小哥哥互动，通过评论和内容创作表达自我、和他人沟通，很大程度上解决了内心的那种孤独感、寂寞感和下班后在家里百无聊赖不知道何去何从的迷茫感。在抖音里有和你一样的人，也有和你截然不同的人，有着一样的感慨，不一样的生活经历，浏览视频，听着音乐，看着嘈杂的评论，和你一样平凡的人每天的喜怒哀乐，仿佛不那么孤独，永远那么热闹，永远有人陪着你一起笑一起闹，一起玩儿一起互动，一起体验千奇百怪的景色、生活，一起感触那些曾经、那些美好，去看到生活的另一面以及在现实中不能被实现的那份遗憾。

3. 抖音的危机

抖音基于运营内容池为主导的中心化内容分发模式和日渐茁壮的社区和社交基础，让抖音能够从小众精品内容 APP 变成一个让整个短视频领域都头痛的敌人。但成也萧何，败也萧何。抖音的焦虑其实已经逐渐显现。

（1）中心化主导的内容分发模式永远无法应对井喷的用户需求和井喷的内容创作量的分发需求。用户量越大，每个用户对内容的需求差异度也会越大。用户需要消费的差异化内容也会越多，单靠运营推荐池，迟早要崩掉。中心化的分发模式无法适应海量用户的需求，这种模式适用于人群精准、人群固定的平台。

内容创作量越大，中心化分发的瓶颈就越突出，你靠运营池来推荐，就算运营池给你一天万把条，也无奈你一天几十万条的内容嗷嗷待哺，分发不出去，没人看，谁还创作？号主生态垮了，没人发内容了，平台也就完了。

（2）中心化的内容分发方式与社区、社交平权的天然对立和矛盾。中心化的推荐和分发与社交天然矛盾。举个例子，你很想搭讪妹子 A，正常情况下，你去搭讪就好了，没人阻止你搭讪。但现在问题来了，现在有个汉子 B，你能不能搭讪到妹子 A，和妹子 A 产生社交和交流，必须要看汉子 B 乐不乐意。你得想办法先讨好汉子 B，但汉子 B 喜怒无常啊。怎么办……放弃吧。更严重的问题还不是这个，可能其实妹子

A 也很喜欢你，你也想搭讪妹子 A，但是汉子 B 就是不让。这里就没办法形成后续的社交了，交流和交流都是不自由不平等的。抖音想继续发展社交，这个坎必须迈过去。微博明星和普通用户之间可是可以直接交流的。

（3）为了获取中心化推荐流量而被过度夸大扭曲的表演，走上快手曾经走过的路。同样的是中心化过重的问题，那么为了获取交流和内容传播的权力，怎么办呢？只能用夸张的表演，浮夸的剧本，甚至扭曲异化，以博得众人一笑。古人有个专门的词语形容，叫哗众取宠，说的就是现在抖音里开始出现的歪风。再任其发展，就会走上快手曾经的路：烧房子，胸口碎大石。

不重视社交的真正平权，赋予用户交流本质、回归真实，记录并分享用户的生活，那么抖音只会在妖魔化哗众取宠的路上越走越远，因为每个人的敏感度会越来越难满足，为了满足这些只能选择无所不用其极。如果不迈过这个坎，抖音永远不可能真正实现以视频表达自我，用视频交流你我的伟大宏愿。

（4）想要一片森林，就必定牺牲几棵树木。之前说到，抖音牺牲掉了内容的品质，降低门槛，换取了内容的高频。然而当前的抖音内容已经逐渐趋于平民化、无趣低俗化。这让一些追求精品的人选择秒删。有些人也不需要进行内容互动式的社交，就是想要一个好看的精美的内容平台，没事打发下时间。这批用户，抖音注定流失。就像当时抖音切入快手的市场，也正是因为市面上对精品内容的渴望和部分用户对快手式内容的厌倦。

（5）社区氛围、圈群文化是围城，圈住了城里的人，同时也会挡住城外的人。毋庸置疑，任何圈群文化都客观存在壁垒，非圈子的人很难理解圈子里的人的想法。抖音成功塑造了抖友文化，当然也是从内涵段子社区那里继承过来的。“抖友出征，寸草不生”，已经成为一种文化符号和身份认同。基于此衍生出来的“天王盖地虎，小鸡炖蘑菇”“滴，滴滴”，如果你不是抖友组织，你可能一头雾水，按喇叭“滴，滴滴”是什么意思？你就被这种圈群文化的壁垒拒之门外了。这种现象最早见于二次元文化圈，三次元的人想要融入二次元是很难的，想要成为 b 站的高级会员，可是要做几百道考试题的。

圈群文化的终极体会逐渐趋向闭塞，价值观不同的人不愿意你进来影响整个氛围，价值观相同的人才能一起愉快玩耍，道不同不相为谋。所以，随着圈群文化的发展，会越来越排他，排斥和自己不一样的人。这里的好处就不说了，详情见 B 站，详情见所有成功社区的用户活跃度和高黏性，以及不可抄袭不可打破的壁垒。坏处也显而易见，就是外面的人可能越来越难融入。现在才下载抖音的人或者轻度用户，他们和重度用户能抓到的笑点和对抖音内容的感官绝对是天壤之别。

（6）抖音的向左向右：头条模式，还是快手模式。既然去中心化是必然趋势，那么抖音未来到底是向左还是向右？利用大数据做千人千面个性化的内容分发——头条还是基于用户关系通过熟人或生人关系来做内容互动——快手这是个历史问题。事实上，很多产品包括头条，想要鱼也想要熊掌，但一旦走上内容分发平台的路子，永远就没办法发展好关注生态。我在流里面能获取到我需要的内容了，何必多此一举？想要做社交的，一定面临去中心化，甚至平台不主动做内容分发，平台能忍得住不去做上帝？

虽然抖音已经开了个好头，但是并非真正意义上社交表达的革命，很多个产品迭代和运营战略的转变未来的交流应该是什么样的，未来的通过内容养成互动是什么样的，未来的短视频应该是什么样的？可能是去中心化的内容创作。不单单只是去中心化的内容分发。创作方面具有共同参与创作、分享的特点，在短视频内容上所有人都是其中的一个节点，每个人都传播给更多的人。分发上也是去中心化的，我可以拥有多个圈群和小中心化的池子，人与人之间的连接点是内容，而内容与内容之间的连接点是人的关系链。抖音还远远不是。从内容到真正的内容社交，抖音还有很长的路要摸索。现在踩着头条、musical、快手、微博的经验，让它少走了几年弯路，但后面的路，再没有经验可言，抖音也只能如履薄冰地慢慢走，摸着石头过河①。

九、结语

技术创新将再定义短视频娱乐的新方式，它可能表现在以下几方面。

---

① 苏青阳.如何评价短视频APP“抖音”？[EB/OL].(2018-06-07)[2018-10-25]. https://www.zhihu.com/question/57272673/answer/177548194.

首先，算法分发将进一步提升用户体验。算法分发模式在短视频领域的应用相对成熟，内容分发的精准度较高。但是算法分发模式对用户持续推送相关内容可能造成用户的审美疲劳降低使用体验，甚至存在不良内容的推送。因此，算法模式仍有待优化，结合人工智能监测用户需求的变化、内容审查等还有更多提升空间。

其次，人工智能将成为提升短视频产业效率的助推器。短视频快速消费的特点使短视频的生产、运营、广告植入、内容审查等环节成本居高不下，人工智能技术在短视频领域的应用或能实现更高效的产出，极大降低各环节的运行成本。

再次，增强现实将日益体现其实际价值。增强现实是将现实场景与虚拟信息无缝对接，短视频平台的 AR 功能已然工具化而成为基础。由于硬件设备的掣肘，AR 在短视频领域的应用还未达到预期，AR 在提供多样化玩法的同时如何为用户、广告主提供价值是值得深挖的一个方向。

前瞻地来看，一些新技术未来也将改变短视频发展的格局。比如大数据挖掘、图像 / 语音识别、语义识别、情感分析等前沿科技将作为重要的技术支撑，帮助短视频平台搭建推荐逻辑从单一到复合的智能化算法推荐分发系统。区块链具备的安全性高等特点使短视频内容在版权保护、确权追溯等环节高效运行，内容版权的保护将有实质性进展，短视频行业的发展也将更有秩序。5G 的商业化也已经近在眼前，包括短视频在内的数字经济将成为最大的受益方之一。基于 5G 网络超大宽带、低时延高可靠、万物互联的网络特点，短视频的应用场景将极大丰富，也将助力更多互联网领域的边界打破与重构。

后　　记

2018年6月至10月，笔者负责国家艺术基金艺术人才培养资助项目“网络文艺批评人才培养”具体的课程培训和实地调研工作。邀请了仲呈祥、欧阳友权、彭锋等文学艺术研究的巨擘来授课，也调研了爱奇艺、完美世界、中国网络作家村等网络文艺创作的实践机构。其中得到许多对当前网络文艺发展的精辟分析，也充分吸取了行业内企业前沿的发展经验。在这个过程中专家、企业家和学员们进行了深入、细致的讨论，对这一前沿问题大家都充满兴趣也收获颇丰。感谢所有的授课老师、调研机构、42位可爱的学员以及项目助教，正是他们的创意和想法充实了本书的写作。

从2011年入职至今，我已经在中国传媒大学文化发展研究院工作了8个年头。这期间范周院长卡里斯玛的领袖风格、卓越的能力、缜密的思路和永不疲倦的干劲，感染并改变了我，特此致谢。感谢卜希霆书记、田卉、朱敏、杨剑飞对这个项目一如其他所有事务一样的支持。感谢吴学夫、齐骥、刘京晶、王文勋、熊海峰和院里所有的同事，与他们的讨论丰富了本书的思想也不时温暖了自己。感谢2016级和2017级文化发展研究院文化产业专业的研究生，他们在我主持的课程《广播电视文化》中与我一起研讨了本书涉及的主要内容。感谢丛书编辑李石华老师精心细致的工作。最后，互联网电视所涉内容较新，书中援引了多方的数据、资料及观点，特此对这些先行的探索者致敬。

感谢《中国传媒大学优秀中青年教师培养工程》（项目编号：YXJS201537）以及中国传媒大学一般培育项目《当代电视娱乐节目的文化价值取向研究》（项目编号：CUC17A15）、《真人秀电视节目的文化价值取向研究》（项目编号：CUC16A34）提供的研究资助。

本书献给美侬和美朵，她们是互联网原住民，祝愿她们有和我不一样但更美好的未来。

王青亦

2018 年 11 月